穿阿玛尼的觉者

吴九箴 著

华夏出版社
HUAXIA PUBLISHING HOUSE

图书在版编目（CIP）数据

穿阿玛尼的觉者/吴九箴著.—北京：华夏出版社，2015.7
ISBN 978-7-5080-8404-6

Ⅰ.①穿… Ⅱ.①吴… Ⅲ.①人生哲学-通俗读物 Ⅳ.①B821-49

中国版本图书馆CIP数据核字（2015）第054824号

本书经作者吴九箴与台湾松果体智慧整合行销有限公司授权，同意在北京麦士达版权代理有限公司代理下，由华夏出版社出版发行中文简体字版本。非经书面同意，不得以任何形式任意重制、转载。

版权所有，翻印必究。
北京市版权局著作权合同登记号：图字01-2011-0759

穿阿玛尼的觉者

作　　者	吴九箴
责任编辑	梅　子
出版发行	华夏出版社
经　　销	新华书店
印　　刷	三河市少明印务有限公司
装　　订	三河市少明印务有限公司
版　　次	2015年7月北京第1版 2015年7月北京第1次印刷
开　　本	880×1230　1/32开
印　　张	8.25
字　　数	100千字
定　　价	33.00元

华夏出版社　地址：北京市东直门外香河园北里4号　邮编：100028
网址：www.hxph.com.cn　电话：(010)64663331(转)
若发现本版图书有印装质量问题，请与我社营销中心联系调换。

目 录

作者的话
　　佛陀系列的书，这是最后一本了　/1

自　序
　　悉达多是独一无二的佛，你也是　/9

第一篇　关于佛法，法师和高僧不会告诉你的事
　　做自己，不要成为量产的"佛"　/3
　　佛经参考就好，不要太执著　/9
　　佛是喜乐的，不是压抑、痛苦的　/14
　　其实，佛陀从来没有度化任何人　/20
　　永远离不开维修厂的车子　/26

◎ 穿ARMANI的觉者 ◎

烧佛禅师和拜佛像的人 / 35

佛的慈悲,来自于红尘间的爱 / 43

"无我"不是要你否定自我 / 50

恶魔和佛陀,都在追求同一种快感 / 59

不要禁绝欲望,而是超越它们 / 67

第二篇 "觉知"才是学佛开悟的起点

四十岁,我才学会怎么走路 / 77

你的"无明"决定你的命运 / 87

佛陀也有内心的黑暗面 / 95

把标签贴在河里的傻子 / 105

你的瘾是假的,焦虑才是真的 / 114

风尘女郎也是我们的老师 / 126

觉醒需要比自杀更大的勇气 / 137

观照,是让你看透幻象的 X 光 / 147

◎ 穿 ARMANI 的觉者 ◎

第三篇　遇见穿 ARMANI 的"娑婆觉者"

如何游泳身上才不会湿？　/ 157

你也可以成为"娑婆觉者"　/ 163

我们全身的细胞都是经文　/ 169

太饥渴,就会对食物过分执着　/ 176

佛法,是用来当地板踩的　/ 181

人间苦,是我们中了大脑的诡计　/ 187

当佛陀也穿上 ARMANI　/ 195

后　记

我们的灵魂来这世间的秘密　/ 205

附　录

读者来函问答　/ 211

作者的话

佛陀系列的书，这是最后一本了

佛法在世间，不离世间觉。

然而，不幸的是，很多人都以为佛法在寺庙里，在像枯木般的打坐中，在想破头也看不懂的艰涩经文中，在千篇一律的膜拜仪式里，甚至要躲到深山里又饥又渴地苦行，认为这才是学佛修行。

佛陀早就说过了，佛法在世间，就在你的家里，在你的办公室里，在街道或公交车上，在百货公司，在电影院、KTV、美食餐厅里，在你执迷的 GUCCI 包包上

◎ 穿 ARMANI 的觉者 ◎

面,在你最爱的 ARMANI 西装或 BMW 名车里……佛法,就在你活着的每一个当下里。

很多学佛的朋友告诉我,学佛就要看完三藏十二部经,就要背熟很多佛学的专有名词,要像佛陀那样托钵行乞,要像佛陀那样舍弃家人、财产,连表情也要像佛陀那样安详地微笑。

突然间,我似乎看到,西方净土里,有数不尽的佛在那里托钵,每个人的脸都像是戴着佛陀的面具,面带微笑,双眼半合,活像涅槃工厂大量生产出来的似的,大家都一模一样,谁也分不清谁是谁。

老实说,如果西方净土真是这样,我宁可淹死在红尘苦海里。

走自己的路吧!

佛法的本意是超凡智慧,但真正的智慧,是来自于个人内在体悟的。

悟这个东西是属于自性的,是个性化的,每个人都

◎ 穿 ARMANI 的觉者 ◎

不同，每个人的悟都是独一无二的。（悟这个字不就是由吾心组成的吗？由五种感官——眼、耳、鼻、舌、身体验接受到的各种滋味，通通入心，才会有所悟。你的五感不同于我的五感，甚至天差地别，悟这个东西，怎么可能用文字或语言来传承呢？）

同样的道理，智慧也无法像在超市里大量流通的罐头，虽然通过说法和文字，可以让人有所启发或醒觉，但真正的智慧，是需要每个人吸收了外界种种因缘，在内心消化吸收后才会出现的。

人生是苦，这是佛陀的体悟，如果你没有自己去人生的苦海里痛苦一番，你永远不知道苦是什么滋味。佛陀的苦是佛陀的，永远不可能是你的。

同样的，佛陀的觉悟和快乐，也是属于佛陀自己的，如果你不自己去体验、观照，你永远不知道佛陀的悟和快乐是怎么一回事，顶多是多念几次经，根据佛经的描述，自己用头脑想象罢了。

◎ 穿 ARMANI 的觉者 ◎

很不幸的，我们都误解了佛陀的本意，我们都为了急着想离苦而丧失自我，很多人都还没有搞清楚修行是"个体化"的体验和观照，就急着把"自性"丢掉，把家人、亲人否定掉，甚至还搞不懂什么是我执和空，就像丢掉垃圾一样，逼着头脑把我执删除。这就好像你逼一台计算机要它自己消除所有程序和作业系统，这台计算机遇到这样矛盾且冲突的指令，必然程序错乱，接着当机死机。

大家清醒了吗？很多人学佛学到得忧郁症或走火入魔，都是这样来的。

这本书，不是给已经开悟得道的高僧大德看的；这本书，也不是给已经体验过人生，经过严格且专业训练的修行者看的；这本书，是给那些还活在娑婆红尘里，还要为一日三餐、为房贷、为孩子学费和柴米油盐酱醋茶烦恼的凡人看的。或许，我所说的不是最完美的，也不见得适用所有人，但这些却是我自己亲身体悟的；相

◎ 穿 ARMANI 的觉者 ◎

对的，有很多人说的法很漂亮、很完美，境界很高，却不见得是他们自己体悟的东西。

这里我只是把我想说的说给大家参考，并不是要颠覆传统佛教或某些大师。毕竟，佛法是无所不容、是柔软且有大慈悲心的，而且法无定法，应随个人因缘不同而现，大家就不必要在文义或意识形态的蜗牛角上争什么了。

修行是你个人的功课，关佛什么事？

原始佛教没有像现在的佛教，有那么繁复和形式化的规定，反而更注重个人的体悟和觉醒，更注重内在的心法，反而不重形式的规范。

因为，个人的觉悟，必定来自个人独有的因缘和际遇，那是人人不同，无法复制的。为了觉悟，你可以选择出家或到深山苦修，但那只是众多选择之一，不是必然的过程。真正觉醒的人，只要懂得往内在去观照、修行，他在什么地方，拥有什么身份，穿夜市的便宜货或

◎ 穿 ARMANI 的觉者 ◎

是穿 ARMANI 的名牌西装，手拿红白塑料袋或是 GUCCI 包，都不妨碍他或她的修行和体悟，只要懂得保持觉知，懂得不执著于这些因缘聚合的东西，万事万物都不会成为修行上的罣碍。

然而，很多学佛的人都跳不出佛陀的剧本，总认为学佛修行就是要去模仿两千五百年前佛陀的生活方式和观点，才能像佛陀那样到达涅槃的境界，这种执著，说穿了也是一种妄见。毕竟，佛陀的时空因缘已和现在不同，如果学佛的人太执著佛的剧本，也等于违反了佛法的本质，不仅矛盾，也让人感到可悲，体悟修行是你个人的功课，关佛什么事呢？

如果大家能跳脱狭隘的修行概念，就会发现，真正的觉醒者和修行者，是隐藏在各行各业中的，很多人不识字，但能勇敢地面对人生的实相和无常，反而比很多出家众更懂得人性，更懂得什么才是"解脱"。这些人可能是家产百亿的企业家，可能是煮面的师傅，可能是

◎ 穿 ARMANI 的觉者 ◎

扫地扫了几十年的清洁工，可能是市场卖菜的小贩，也可能是风月场所送往迎来的妈妈桑。

关于这系列以佛陀名号为引子的书，本来我只想写三本成为三部曲就停笔，但有太多读者问了很多让我忧心的问题，虽然我已经尽量把佛法用现代白话、尽可能用大家听得懂的语法和例子来说，然而，还是有太多读者不了解佛法的本来意涵是什么，因此，我只好继续往下写。

然而，我想，我该说的也应该全部说完了。所谓佛度有缘人，如果读者还有误解或不解之处，也请读者自己再把这几本书多看几遍，且用心去看，因为，这本书将是佛陀系列的最后一本，日后这系列的书我不会再写了，但读者仍有问题，还是可以写电邮给我，我能回答的，一定尽量回答。

我写这几本书，不求名也不为利，只诚挚希望这些书可以当闹钟或小石头，让有些人因此觉醒，发现自己仍在梦中，如此，我发愿的使命就可说是完成了。

如果有读者看得懂我的书，也因此有所启示或觉醒，希望大家一起推广"自力觉醒"这个理念，不分宗教、种族、国籍或身份，人人可用，人人都可觉醒，因为，佛说的众生皆有佛性，是真实不虚的真理，如果你也看见这个真理，就先从自己开始，去找回自己的本来面目吧！

◎ 穿 ARMANI 的觉者 ◎

自序

悉达多是独一无二的佛，你也是

许多朋友问我，学佛就一定要当穷人吗？他们有房贷、车贷，有老婆、孩子，在物价频频上涨，日子愈来愈难过的时刻，他们真的要跳入 M 型社会赤贫的那一端吗？

当然了，也有站在 M 型社会另一端的有钱朋友问我，学佛就一定要放弃生活质量吗？他们能不能继续开着 BMW 或 BENZ，穿着 ARMANI 西装或手提着 GUCCI 包，一直学佛下去呢？

◎ 穿 ARMANI 的觉者 ◎

传统佛法都教人要放下我执，不能追求名利财富，因此，也有些大老板级的朋友问我，他们这样在商场里互相厮杀、尔虞我诈的，是不是已经违反了佛法的本意？难道佛法不能运用在商场里成为兵法吗？

对于这些朋友的问题，我在此很清楚地告诉大家，佛法是无所不在的，佛法是不离这个红尘俗世的，佛法不是宗教，它是一种包含凡间又超越凡间的伟大智慧系统，为何不能用来赚钱、经商和享受荣华富贵呢？

事实上，真正证悟得道的人，看透了万事万物都是因缘聚合离散的现象，体验到了（不是用头脑理解）这些现象的本质都是"空性"，不会去追求或执著人世间的这些荣华富贵，像是企业版图、ARMANI 名牌和豪宅；彻底觉悟的人，可以安住在不增不减的"金刚琉璃心"上面。然而，大多数还没觉悟，甚至还没觉醒的人，看不清实相及无常的本质，仍然会执著于俗世间的荣华富贵，在我看来，这本来就是很自然的。

◎ 穿 ARMANI 的觉者 ◎

如果有人说，贪恋财富、精品、名车、豪宅或在商场厮杀的人，就不能学佛，那么，这些在红尘中打滚做梦的娑婆凡人，岂不是永远没有觉醒悟道的机会了？

我说过，佛法是无所不在的，它是超越宗教、种族、国籍或身份的，它是柔软、包容且慈悲的，怎么可能只照顾那些一贫如洗的出家人呢？

佛法的本意，是教你如何觉察自己存在的现象，是无常的，进而去观照世间万物也是如此，然后在这个基础上让自己的灵性进化。

因此，不仅企业家和败金男、拜金女可以学佛，杀猪的或爱赌的也可以学佛，即使是小偷、强盗，或是卖淫、卖笑的风尘女郎也都可以学佛，甚至成佛。

我曾在新闻上看到一位牧师或神父，有空就往风月场所里去消费，目的是要向里面的陪酒小姐传福音，结果，陆陆续续有不少陪酒小姐真的到他的教会里做祷告或做义工了。在我看来，这个牧师或神父，也是个觉醒

◎ 穿 ARMANI 的觉者 ◎

者,也真正体悟到佛法的真意,虽然他不是佛教徒、虽然他不是光头的和尚,但同样可以借助佛法的强大力量,来完成他的使命。

所以,任何人都可以自力觉醒,不用靠念经、拜拜或放生,只要你愿意试试我一再强调的"保持觉知",进而"观照万物",人人都可以觉醒,改变自己的命运,拥有更高层次的灵性生活。

因此,真正阻碍我们学佛或觉醒的,不是那些外在的名车豪宅、精品名牌、名利权位,或是股票、钞票,而是我们习惯用二分法,把这世界分为好人、坏人,分为俗人或出家人的这种妄见和执著,以为修行就一定要立刻舍弃这些让人有快感或执迷的东西,否则就是俗人。

但在我看来,如有出家人或修行者,有这种断见,也等于陷入自己的执著中!

世间万物,任何东西都可以是让人觉醒开悟的一道

◎ 穿 ARMANI 的觉者 ◎

门,尤其是那些让你上瘾无法自拔的事物,更是让你觉醒的门上面的一道锁。

如果你醉心于事业,不停地过关斩将,扩大事业版图,你一直在这里面得到快感,那么,事业或权力这个东西,就是你觉醒开悟的一道锁。

同样的,如果你不能不谈恋爱,即使为爱而伤痕累累也在所不惜,那么,你的锁就是爱情。

依此类推,有人是守财奴,有人是赌徒,有人是爱慕虚荣、要成名,有的是要过上流社会的生活;而有的则是想逃避财富、逃避责任、逃避爱的功课,这种逃避同样也是一种瘾,也是让人觉醒的一道锁。

或许很多宗教老师会要求大家要戒除这些瘾,才能开始学佛,但我的看法不一样,这些瘾不但不是坏事,反而是每个人身上独一无二的开悟密码,是老天爷赐给的珍贵礼物,让人可以直接到觉醒之门的门口去敲门,不用在茫然的无明中,找不到觉醒的方向。

◎ 穿 ARMANI 的觉者 ◎

如果你想学佛,你想觉醒,首先就不要否定这些你贪恋执著的瘾,要肯定它、感谢它,要全然地进入它、享受它。只是,不管你做任何事、在任何地方,都要保持觉知,因为这是为你敲开觉醒大门的第一步。

学佛没有什么禁忌,任何人,都可以做任何事,只要你能保持觉知,知道自己在干什么,知道自己在想什么、说什么,而且认为做这件事没有错,无愧于心,那么,你可以做任何事,不用拿道德或众人的偏见来批判自己。

例如,我曾说过,当小偷也保持觉知,渐渐地他也就无法再偷下去了,因为我们无法同时保持觉知,又可以沉浸在自己的瘾头里或快感里,这是不可能的。只要能保持觉知,你就能判断什么是你该做的,什么事是愚蠢的,什么是梦,什么是幻觉。

因此,你喜欢穿 ARMANI 西装就穿吧!不要有罪恶感或太在意别人的眼光,觉醒是你个人内在的事,不需

◎ 穿 ARMANI 的觉者 ◎

要人家验证或什么机构发证照给你；你喜欢买 LV 包或 GUCCI 包就去买吧！在享受快感的同时，渐渐地，一点一滴地去觉知你在干什么，千万不要一下子就否定掉你的喜好或价值观，慢慢来，像是一小颗觉知的种子在心中慢慢发芽，等你习惯时时刻刻保持觉知，接下来就可以运用观照的力量。

如果你懂得观照，你的心就可以像 X 光一样，看透这些事物的本质，原来，这些你迷恋的东西，不过是众多因缘聚合的现象。

在实相世界中，这些名牌精品、股票、名车，都只是物质界的有条件的存在，其他的美感、快感、意义，都是你的幻觉和妄觉，也是这些妄觉让你的大脑产生无比的快感，进而让你产生执著、眷恋，一旦你拥有强大的洞悉能力和智慧，自然就会看见这个事实，执著和眷恋自然就会消失了。

如果你慢慢觉醒了，你知道自己在干什么，即使你

◎ 穿 ARMANI 的觉者 ◎

仍身穿 ARMANI 西装或手拿 GUCCI 包，只要不会再执著，也没有什么大碍；从此，你可以游戏人间，不执著于这个世界，但又可以借用这个世界的种种因缘现象，尽情地玩荣华富贵的游戏，直到你的因缘到期，自然就会放掉这个游戏，无所罣碍地更加精进修行，让自己的灵性进化升级，进而觉悟成佛。

这样的人，我称之为"娑婆觉者"，也就是在这个娑婆世界游戏的觉醒者，虽然觉醒了，但照样过日子，把人生当游戏，不执著，没有恐惧、罣碍和"无明"。有人要玩很久才愿意往上走，有人玩一下子意思意思就开始要超越这个娑婆世界，看个人因缘而定，没有什么标准可言。

因此，在这大千世界，我认为不必要所有人都要成为修行者或成佛，我想大部分的凡人，都可以先朝"娑婆觉者"这个方向去走，等因缘成熟才成为真正的修道者，相信应该可以有更多人可以得到佛法的洗礼，拥有

◎ 穿 ARMANI 的觉者 ◎

智慧，还有最主要的，就是再也不要有人为了学佛，而得忧郁症或精神错乱了。

佛法想告诉我们的就是：人人都是独一无二的佛，没有谁能替代谁，也没有谁能度谁，我们都只能自性自度。

在追求智慧、追求离苦自在的旅程中，你是自己独一无二的导师，你就大胆地走自己的路吧！就像诺贝尔文学奖得主赫曼·赫塞（Hermann Hesse）所写的《流浪者之歌》（Siddhartha）里的悉达多一样，即使遇见了佛陀，他也不愿跟随佛陀去修行，宁可选择自己去体验人生的各种滋味，然后大彻大悟，成为真正超越烦恼的觉悟者。同样的，你可以成为独一无二的佛，而不是没有个性的批量产的"佛"，否则你的人生充其量只是佛陀的复印本，而不是活生生的人。

相信我，不论你是什么身份或职业，不管你的人生功课是荣华富贵或浪漫爱情，佛法，就是要我们去亲身

◎ 穿 ARMANI 的觉者 ◎

体验一切，只有全然地进入这个人生，等因缘成熟，我们才能全然地超越它，这才是真的悟，才能成为无所不在、无所不容的佛，一个属于你自己的、独一无二的佛。就像悉达多是独一无二的佛，你也将是独一无二的，只要你愿意在每一个当下观照自己，忘了佛理、佛经和佛陀，甚至忘了吴九箴，你就能找到自己。

◎ 穿 ARMANI 的觉者 ◎

第一篇

关于佛法,法师和高僧不会告诉你的事

做自己，
不要成为量产的"佛"

我 的小孩四五岁时，突然间很爱模仿大人。因为我经常拿着书在屋里走来走去，或是在沙发上看着书，思考一些问题。

有一天，我发现我的小孩，也拿了一本书坐在我旁边，有模有样地看着，只是我真的不懂他到底在看什么，因为他手上的书根本就拿反了，头朝下尾朝上的，我看了笑了半天；后来又看见他也拿着书，在屋子里踱来踱去，像是在思考什么一样，如果他不是把书拿反，他那个表情和神态，实在是让人以为他真的是天才神童，真的看懂了书，真的在思考。

我的很多学佛的朋友也是如此，他们以为学了佛，

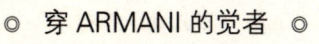
◎ 穿 ARMANI 的觉者 ◎

走路、说话的姿态,就要像电视里的高僧或方丈,说话不疾不徐、打不还手、骂不还口,永远没有喜怒哀乐,才是学佛学到家,甚至说没几句话,就要来一声"阿弥陀佛"或"善哉善哉",看起来就像猴子学人说话,或是五岁小孩在学大人,滑稽又令人心酸。

有一次,我到一家素食面馆吃面,看见邻桌一位身穿功夫装的年轻人,从他的气质看来就知道是一位虔诚的佛教徒。那天我坐下点菜时,看见他正襟危坐地用筷子夹起一根面条,眼睛半闭,面容安详,很慢很慢地把面条送进他口中,就像电影里的慢动作一样,然后面带微笑地慢慢嚼着,接着再夹另一根面条。

当时我心想,照他这样吃法,整碗面岂不是要吃到半夜三点才能吃完。

果然,当我们一票人吃面、聊天,准备结账离去时,我转头一看,他的面还是满满的,他还是在那里慢吞吞地演着吃面的慢动作,我本来想去劝他几句,问他

◎ 穿 ARMANI 的觉者 ◎

万一餐厅火灾时,他是否也用慢动作逃命?

后来,我看他一副很陶醉的样子,心想,各有因缘,也就不管他了。

古代,很多禅师爱骂人,爱哭、爱笑或爱喝酒,全身自在,随时保持觉知,知道自己在干什么,也知道自己不会执著一切,优哉游哉,潇洒快意。不管人家怎么讥讽或中伤他们,他们心中早已没有那个很在意别人看法的"我"。笑骂总是由人,自在唯有己知,才是真正的超脱。

我的意思也不是要大家去学那些禅师,而是希望大家看清自己的本性,让自己的本性可以自然地发挥出来,才能拥有真正的自在。

从佛法的角度来说,你的脾气、气质和独特性格,才是你最重要的宝藏,千万不要以为任人打不还手骂不还口,只会面无表情地说阿弥陀佛、善哉善哉就是修行,修行不等于是假装枯木般,对世间万物都没有反应，那只是自欺欺人的压抑和逃避。

任何事情你都可以去做，想哭、想骂人就任其自然，不要否定，只要能保持觉知，知道自己在干什么，只要不超出极限，就是自然；爱吃东西，但不要超出自己肠胃和身体的极限，爱喝酒也不要喝到爆肝，爱看电视也没有必要看一整天，爱赚钱也别把性命和品德都赔进去……

只要你能保持觉知，什么事都可以做，没有人会管你，你只能自己管自己，你自己也会知道极限和危险在哪里。

就像有人开车从不留意车速，只管自己高兴，想当然，所以出事机率就高。例如喝了酒或有车在后面追你，你一没有觉知或慌张，油门踩到底，车子一旦超过它的速限，就很容易翻车或失控；相对的，只要你有觉知，就不会超过速限。

因此，学佛的关键不在于你是否一定要模仿别人，

◎ 穿 ARMANI 的觉者 ◎

或者刻意改变自己的本性，也不在于你能不能做什么事，而在于你有没有觉知。

如果没有觉知，即使你的身段与神态演得再像高僧、方丈，充其量也只是和我的小孩模仿我一样，没有什么意义，顶多自娱娱人。

相对的，我也有一些朋友无法适应很多禅修团，或是宗教社团的共修方式，而选择了退出，自己摸索，我认为这也是很好的觉知，毕竟，佛法是要教人自己救自己的，而不是教大家去认同他人而否定自我。如果你选择了自己的路，也没有必要在意那些社团，或是宗教团体的批判或责难，毕竟，悉达多当初也是离开了苦行僧的团体，自己观照，才找到自己的路。

同样的，不管你从事什么行业或是什么身份，也都能从自我观照中找到你要的佛法，到时候，你必然会更加肯定自己原有的独特性，因为，你的独特性格不仅让你成为一个独一无二的人，也是让你进入解脱唯一的门。

总之，法无定法，才是真佛法，真佛法不会要你成为量产的"佛"；同样的道理，我的觉醒和修行模式，也只是提出让大家参考，我也不希望大家都复制我的模式。如何修行，每个人应该都有自己的风格和特色，因此，当你找到自己的路，不妨忘了佛陀，忘了吴九箴吧！

◎ 穿ARMANI的觉者 ◎

佛经参考就好，不要太执著

长久以来，我一直推广的自力觉醒和观照，可以说是修佛的心法，所谓心法，就是自己要去体悟的法则。

佛陀说，法无定法，也就是说，在现实生活中去体验及观照，是两个修行工具或技巧，但每个人体悟及观照得到的智慧和实相，在程度及内容上都是不一样的。因此，你悟到的法，不见得是适合我的，我悟到的法，也不见得是放诸四海皆准的，但法的核心，也就是体验及观照，则是不变的。

当我体悟到一种空灵无我（并不是用头脑否定自己的存在）的境界，我就完全忘了佛经、佛偈、佛陀和佛

◎ 穿 ARMANI 的觉者 ◎

的专有名词及术语。某些时候，寂静的蓝天，无声的白云，反而比佛经更能让我有所悟；某些时候，我全然进入这个娑婆红尘中去努力工作、努力生活，保持觉知，去体验其中的点点滴滴，反而要比佛经里所描写的，更让我有所体悟。

很多学佛的朋友都一再强调，唯有熟读佛经才是开悟得道的途径，甚至有人还要默背经文，在这里，我想再次劝大家，除非你想成为研究佛学的学者或专家，否则，佛经用来参考就好了，因为佛经里的每个字都是佛经作者或译者的体悟和表达方式，而悟这个东西，是无法用文字精确传递的，太执著于字义或在字句中钻牛角尖，不但不能离苦解脱，反而会让你堕入另外一个地狱里。

老实说，佛经是汇集佛法智慧的结晶，但三藏十二部经加起来可能有好几千卷，其中有真的，假的也不少，然而，就算有些是假的，也不见得没有参考价值；

◎ 穿 ARMANI 的觉者 ◎

相对的，就算是佛陀亲口说的，也要考量时代背景的差异及译者的观点，不能照单全收，否则，无知地把佛陀或译者嚼过的甘蔗渣再拿来吃，然后在无味的残渣中，误以为佛法就是这样的滋味，想必会让你误入歧途，甚至走火入魔。

有不少读者写信来问，他们看了我的书恍然大悟后，问是否要继续念大悲咒或心经之类的，不念又会怎么样呢？

我的回答是，如果你不懂经文的真义，那么你去背诵周杰伦的歌词，念到一心不乱，同样有让你静心的效果；如果你真懂了经文的意涵，就应该知道该不该死背经文或每天念诵了。

尤其很多虔诚的信众，习惯性地逼自己每天准时念经，连生病、出差也不中断，偶尔一次忘了念或少念几句，就心生罪恶感，坐立难安，这时，不妨想想你念经是念给谁听呢？

◎ 穿 ARMANI 的觉者 ◎

佛法八万四千法门，唯一的诉求就是安人们的"心"，如果你觉得念了经比较安心，那也就别管他人怎么说，自己能自在最重要；相对的，如果你为了念经搞得坐立难安，或觉得经文抽象、晦涩看不懂，经常为了搞懂经文而伤透脑筋，那还不如把佛经全忘掉，因为，不知所云的经文，对你的自性成长反而是一个障碍，对你的智慧开展也是个阻扰。

在此，我要提醒大家，经文的真意在于传递真理和实相，目的是为了让你的心有所感悟而启发无上智慧。当你了解这个道理，也就不必局限于一定要去背诵或执著佛经，这世间到处都有隐藏智慧的文章，也许是一篇散文、一篇传记，或是哲学家的作品或格言，甚至在一首歌的歌词里，也都能发现无上的智慧。只是大家都有分别心，总认为佛教的经典或其他宗教的经典，才是真理，才是对人生有意义的启发，这是种没有觉知的迷信。

◎ 穿 ARMANI 的觉者 ◎

如果你真想得到无上智慧,与其读诵自己都不懂的经文千万句,倒不如听到一句让自己有感悟的话,让自己当下觉醒。否则,你的专心念经不是自欺欺人,就是欺佛。

法无定法。如果你真懂佛经的意涵,选择专心背诵,集中自己的心念来开启智慧而有所悟,不妨就放手去试试,但有机会也请认真想想,真正的佛法是讲求在现实人间的体验,如果人情世故或七情六欲都不去体验,就算你能从经文中得到智慧,那个智慧也是头脑想象出来的,等于是经过加工的冷冻食品或方便面(方便面),无法让你尝到人间红尘的真实滋味。

如果你真是个觉醒者,就应看清,佛经只是个工具或某法师的笔记本,实在是没什么好执著的啊!

◎ 穿 ARMANI 的觉者 ◎

佛是喜乐的，不是压抑、痛苦的

为什么很多人学佛后，就失去了人该有的表情和快乐，整天看起来就如佛像一样没有人性和活力？难道学佛的目的不是为了拥有快乐吗？

我的一些执意要走传统修行路线的朋友，就是这样，很压抑、很紧张地活在对佛法的执著里，怕走路踩死蚂蚁杀了生，怕不小心说了脏话，怕看美女起心动念，或怕不小心又生气骂人……

佛法的本质是智慧，是让人从痛苦里解脱出来的超凡智慧，并不是要人飞天遁地，拥有神通或超能力，更不是让人活在压抑、死气沉沉的自我折磨里。

我曾在菜市场看见一位卖猪肉的老伯伯，说起话来

◎ 穿 ARMANI 的觉者 ◎

中气十足，每天笑嘻嘻的，遇到家庭主妇向他多要一些猪骨或碎肉，他总是笑着大方地给人家，有人问他不会觉得可惜吗？他说，那些碎肉和猪骨本来也没多少钱，何不让大家开心一点，更何况给人家这些肉是猪肉，他身上也不会少块肉……

这位卖猪肉的老伯伯除了爱吃肉，也爱喝酒，偶尔有几个小朋友在摊子前玩耍，他也会气得破口大骂脏话赶走他们，骂完又马上喝点酒笑嘻嘻地唱着歌，附近摊贩大家都知道他脾气好，他之所以破口大骂小朋友，是因为肉摊里有刀有铁钩，他怕小朋友不小心会割伤，而且这些小朋友非常顽皮，不用臭骂的方法他们根本就不听。

我经过菜市场好几次，都看见过这位老伯伯拿起猪头，对猪头训话，说什么以后投胎要多做善事，少贪吃、贪睡、贪财，才不会又变成猪，让人千刀万剐的……逗得来买肉的家庭主妇们呵呵大笑。我好奇地问隔壁卖菜的,才知道他虽然每天笑嘻嘻的,但家里却不太平静,他的老婆很早就遭遇车祸死了,两个儿子一个智障,另一个也因车祸少了一条腿,尽管他已经五十几岁了,仍扛着一家的生计,全家都靠他一个人卖猪肉过活,他也不以为意,很少在别人面前唉声叹气的。

如果我说这位伯伯也是个懂佛法的觉醒者(还谈不上修行者),相信很多每天念经、吃素的佛教徒,一定又会把我臭骂一顿。但从我认知的佛法来看,这位伯伯懂得运用智慧勇敢地面对逆境,而且把人生看破,自在且快乐地活在每个当下,这种能力就比那些每天没有表情、面有菜色的佛教徒,更有生命力及受挫力。

从佛法的角度来看,快乐——其实就是一种适应无常的能力,人生顺也好、逆也好,走运也好,手气差也没关系,凡事只要你能包容顺应,就有能力活得自在快乐,顺应无常的能力愈强,快乐的能力也就愈强。

我们因为太多太多不可思议的因缘聚合,才拥有这

◎ 穿 ARMANI 的觉者 ◎

个灵魂和肉身，才有眼耳鼻舌身意，才能体验到这红尘世间的一切。

当你看见迷人的彩霞，何不尽情欣赏？就像我们看见美女或鲜花一样，那种让人身心舒畅的美感，也是难得的因缘，为何很多学佛的人，都要逼自己去否定这些？嘴巴尽说色即是空，眼不敢看，心不敢想，既然是空，你的眼角膜、视神经、脑细胞及内分泌也都是空，为何不敢去体验这世间的美？

想学佛的人要知道，"空"不是关键，也不是我们要执著的，我们来到这世间，是要借着这个肉身去感受各种滋味，这才是关键，怎么会反过来执著"空"这个概念，而不敢让自己的眼耳鼻舌身意去发挥功能，体验难得的人生风景呢？

如果你也是这样执著"空"在学佛，那么你早晚会得忧郁症，因为，你扼杀了眼耳鼻舌身意的因缘，你扼杀了内在灵性的需求；一个人活在这个世界里，却又全身内外强烈地排斥这个世界,即使神经系统不崩溃,内在精神系统也会错乱,甚至启动自我毁灭的程序。

关于很多佛经或佛理,我觉得这些佛理让很多人都误解了佛法,以为学佛就要活在绝望中,没有色,没有因缘,甚至没有我,当然,连快乐也不能有……

事实上,连佛陀自己都知道,他所求的三摩地或极乐世界,就是让人处在一种无上喜乐的状态,佛是追求喜悦、快乐的(不是感官或欲望带来的快乐),佛法也是教人如何得到极乐的智慧系统。

大家不要忘了,人类最原始的本能就是追求快乐,避开痛苦,但佛法要追求的快乐是一种超越感官或物质或欲望的快乐,它不需要很多外在因缘(条件)的支撑,就可随时处在一种纯粹快乐的状态中,不论头脑里的烦恼又涌起来折磨你,或外境的种种挫败和障碍,都不能影响内在那个纯粹的快乐。

因此,不要把佛法拿来折磨自己,如果你必须从折

◎ 穿 ARMANI 的觉者 ◎

磨中才能得到快乐，那就是被虐狂，一种精神疾病，不是修行。

如果你也要学习佛陀，拥有那种不受内外境干扰的无上喜乐，不妨和我一样，从自我觉醒开始，然后在生活中去观照那些让你快乐的物质、环境、条件和人，先从自己的感官和欲望上的快乐去下手，好好体验它、享受它、观照它，进而慢慢超越这些俗世的快乐，你就能瞥见两千五百年前佛陀发现的纯粹快乐。

然而，在此之前，先把自己对佛法的错误观念导正过来，否则经念愈多障碍就愈多，对佛愈虔诚，执著就愈深，就像很多信徒或修行者崇拜金身或神像，充其量也只是一种安慰剂或麻醉药，只能减轻暂时的痛苦和不安，等药效过了，还是会回到苦海里，而且苦的程度会更重，为何要做这种傻事来自欺欺人呢？

真正想离苦得乐的人，有机会静下心来想一想吧！

◎ 穿 ARMANI 的觉者 ◎

其实，佛陀从来没有度化任何人

《金刚经》里佛陀自己说，他从来就没度化任何众生。但两千多年来，很多人仍希望佛陀或菩萨来度他们，这些人认为如果没有佛的度化，就只能一直在人间苦海里受尽折磨。

当然，佛陀早已圆寂，现代很多学佛的人，就把目标转向高僧、法师或外地来的大师，期待这些得道者可以度化他们，带他们开悟，离苦得乐。

我有许多学佛的朋友，他们各有各的宗师或老师，派别不同，修行方式也不同，有些派别修行理论互相冲突的，还会彼此攻讦中伤。其中，有一个朋友，跟一位名气很大的师父学佛快二十年了，这二十年来他始终认为世上只有他这位师父才是唯一的得道者。这二十年来，眼看他一直供养这位师父，或在法会上购买纪念品或法器之类，也花了他不少钱；然而，花钱不是重点，而是经过二十年，他的心仍不够柔软，他的视野和胸襟还是那么狭隘，把他师父以外的修行者或得道者，都看成垃圾，是江湖术士骗吃骗喝，看到这现象，我只能佩服他的师父的洗脑和催眠功力一流。

有一次，我这位朋友又和我争辩他师父才是唯一上师，我就问他，为何一定要靠他师父才能开悟得道，他也是人，为何他的智慧和悟性要被封锁起来，然后相信只有他的师父才是有智慧的人呢？

他说，因为佛陀早已圆寂，他好不容易找到这个和佛陀一样有超凡智慧的得道者，他当然要好好跟着他修行。

我又问他，这二十年来他学到了什么？又修成了什么？

◎ 穿 ARMANI 的觉者 ◎

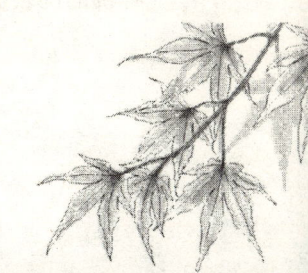

他脸红了起来,提高声调说开悟成佛没那么简单,搞不好要几十年、几百年,怎么可能这么快就学到什么?

我反问,那么他师父为何不到五十岁就开悟了?

我朋友支吾着,吞吞吐吐说那是他师父有慧根,有悟性。

我说,慧根、悟性人人都有,就像在这人间苦海,人人都有手脚可以游上岸,但他就像废人一样,一定要抓着师父的救生圈,而且一定要佛教出厂的"佛陀"品牌,才愿意使用,这不是很荒谬,自欺欺人吗?为何二十年来,他都没有看透这个盲点呢?

后来他支吾着说不出话来,转身就离开。我猜想,他师父大概没有为他讲解《金刚经》里这段"佛从没度化任何众生"的经文真义吧!

此外,我的另一位学佛朋友,他则是精进地念经、拜佛的佛教徒,他虽然没有出家,但每天都要到寺庙里

◎ 穿 ARMANI 的觉者 ◎

去拜佛，回到家也要念经，十几年来从不间断，我问他如此认真拜佛，佛有现身教他如何开悟吗？

他说，有一阵子他拜得特别虔诚，真的在梦里看见佛陀全身亮着金光来找他，但没有说什么。不过，这个梦让他更相信，佛陀会度他到涅槃，离苦得乐。

有一天，我跟他说佛从没有度过任何人，他不信，他说长久以来大家都相信佛是来度化人，否则佛为世人说法有何意义。

我说，佛说法只是告诉大家应该如何觉醒，以及如何修行，得到无上智慧，到头来，真正可以让人超脱烦恼，离苦得悟的，是你自己而不是佛陀啊！

他听了大骂我胡说八道，说几百年来大家都在拜佛，怎么可能说佛陀从来没有度化任何人，大家拜佛就是求佛度他们，从烦恼中解脱，死后可以前往西方净土，否则，那么多寺庙、佛像都是骗人的吗？

我说拜佛让自己心安或静心，没有什么不好，可是

◎ 穿 ARMANI 的觉者 ◎

心中有这个要求佛来度自己的念头,是违反佛法的,是无法从烦恼中解脱的。

我这位朋友年纪也有点大,他说不管我说什么,他都不会相信,后来听说他好像脾气愈来愈不好,因为他已经很久没有在梦中看到佛陀现身,也常常因为小事就和老婆吵架,甚至大打出手。他这样的脾气,如不懂自我观照去修正,就算再拜一百年的佛,也还是活在烦恼苦海中,永远无法解脱。

我知道,我这个说法对很多传统大乘佛教徒来说,是很难接受的,但这才是佛陀真正想要教大家的,也是佛法的核心。但每个人都有选择权,如果有人觉得每天这样拜佛、念经可以让他心安,甚至可以离苦得乐,前往西方净土,这也是很好的信念模式。

《金刚经》里说佛陀从来没有度化过任何人,除了要人自性自度外,还有另外一层意思,就是指众生和万物都是因缘聚合的现象,是来自空无,佛陀也是来自空无。因此，从实相的角度来看，没有什么众生和佛陀，也没有谁度谁，这层深意，或许大家觉醒后，可以多用心去观照，并在现实中去体验，应该会有更深的体悟。

但是，在进入觉醒及真正的修行前，应该要先修正佛可以度人的观念，这些是佛教团体里的法师，或是深山里的高僧没有告诉你的，却是想学佛或拥有智慧的人，必须知道的。

◎ 穿ARMANI的觉者 ◎

永远离不开维修厂的车子

我曾说过在素食餐厅里，看见一个类似修行者用慢动作吃面的例子，其实，现实生活中仍有很多学佛的人，也都犯了同样的错，他们总认为修行或学佛，是和现实世界切割开来的，尤其他们总认为只有找到一个安静的地方打坐或抄经，才算是修行，修行完不得已再回到现实世界去上班或回家去接触他人时，心中总有一种无奈或不屑一顾的感觉，似乎别人是庸俗的，只有他们是清高无瑕的。

某天，我看新闻时，发现有个诈骗集团的首脑，在诈骗了许多无辜受害者、让人家破产去跳楼自杀，他却得手好几亿元的不义之财，当他被警方逮捕时，手上还戴着佛珠，藏身的贼窝也放了很多佛经佛像，他也向警方供称，每次犯案成功、夜深无法入睡时，就会诚心拜佛、念经，借此来修行消业障，如此才可以入睡。他的这种荒谬观念，乍听很可笑，但其实是很可悲的，因为，世上还有很多人和他一样，误解了佛法和修行的意涵，而把修行和现实世界分开来，念经时是修行，念完经时就不算修行，就可以做一些伤天害理的坏事，这种自欺欺人式的修行，说穿了只是把佛法当麻醉剂，来麻痹自己的恐惧和不安。

很多读者来信，说自己学佛有一段时间了，为何还是无法觉醒，无法有所悟或增长智慧？我回信问了他们是如何修的，大部分的读者回信都说有空就念经、抄经，或到寺庙里听师父讲经，在念经或听师父说法时，都觉得心里很平静，但一回到家或去上班，心开始又乱了，爱发脾气的照常发脾气，爱碎碎念、抱怨的，还是一样碎碎念，习惯性逃避压力和责任的，也照样用逃避

◎ 穿 ARMANI 的觉者 ◎

来过日子，只有夜深人静抄经、念经，或去寺里听师父说法时，才又觉得可以平静下来。

事实上，有这么多人无法从佛法中得到智慧和体悟，关键就在于大家对于佛法的错误认知，他们都不知道，真正的佛法，是要你把佛法带入你生活的每一刻、每一个当下，而不是只有静下心来念经、抄经或听课，才算是修行。

只是，这些道理寺里的师父不说，三藏十二部经也都不讲清楚，真正的修行，是在每一个当下都保持觉知，如此才能觉察是否又说错了什么话去伤到人，或去误会别人，是否又做错了什么事或决定，然后察觉到这些错误的言行或决定，都是来自脑袋里的错误观念和想法，接着勇敢地去修正这些脑中的程序和观念，这才是修行。

因此，你醒着时在修行，睡觉时也可以修行（观照自己做什么梦，为何做这些梦），吃饭时修行，上厕所

◎ 穿 ARMANI 的觉者 ◎

时也在修行,到公司开会是修行,和爱人甜蜜约会时也是在修行,和人吵架时是修行,感动得痛哭流涕时也是修行。保持觉知地去观照你所遭遇的一切,去体验人生各种不同滋味和感受,进而从中得到智慧和体悟,这才是修行,才是佛法的真义。

然而,那些静心下来打坐或念经才算修行,一起身去上班或吃喝玩乐或和人吵架,就完全把佛法忘得一干二净的人,都是假修行,都是自己骗自己的笨蛋和懦弱的人。不管你是否理光头,样子看起来像不像出家人,或者你读多少经,背了多少经,口才多好、学历多高,只要你有这种把修行和生活切割开来的分别心,就是假修行。

我认识的学佛朋友中,有不少是教授级的高学历人士,然而,谈到佛法的真义,他们总是搬出一堆佛经里艰涩难懂的词汇或道理,讲得口沫横飞,每次我跟他们说这些我都听不懂,他们就不自觉地露出我慢高傲的态

◎ 穿 ARMANI 的觉者 ◎

度,变本加厉地说更多没有人听得懂的佛理,以彰显他们的修行功力有多高深。

这时我就很好奇地问其中一位教授:"阁下是否有在修行?"

他不屑地说:"当然有啊!难道你看不出来啊?"

我笑着说很抱歉,真是看不出来也听不出来、闻不出来,眼耳鼻舌身意都感受不到你是一位修行者。

他开始不悦地反驳我说:"你懂什么佛法?你不懂如何知道我的境界?"

我又笑着说:"我是不懂佛法,但我知道佛陀要人善护念,时时保持觉知,知道自己在干什么,尤其不要陷入知识障里的我慢高傲陷阱里,请问,你知道刚刚你在做什么吗?"

这位教授"啊!"的一声,脸红得说不出话来。

又有一次,一位酷爱修行的朋友邀请我去他位于郊区山林里的工作坊,一进去只见他盘腿打坐,似乎一心

◎ 穿 ARMANI 的觉者 ◎

不乱地在修行,等他打完坐,我就和他到外面去散步,偶尔和他聊几句,却发现他似乎变了个人,说起话来都慢条斯理的,每个字都要咬得很清楚,突然间我全身都起鸡皮疙瘩,然后看他走路也是慢动作似的,我问他怎么了,他说他刚打坐进入一种无我的状态,感觉很舒服,他要把这个状态延续下去。

我听完笑了几声,纵身跳过一条小沟,叫他不要着相了,快点跳过来,赶快回去吃东西,肚子很饿了。他却怔在原地跳不过来,好像就怕这样一跳,那种无我的境界就会跑掉。

我也不管他,自己先跑回他的工作坊开了冰箱吃了一堆东西,许久之后,他才气冲冲地走回来,说我破坏了他的境界,好不容易修炼到这个地步,又要从头来,真不该叫我这个损友来看他。

我看他气成这样子,就问他:"什么是修行?"

他大声叫:"我刚刚打坐就是修行,这还用问?"

◎ 穿 ARMANI 的觉者 ◎

我说这不是修行,这样修下去他会变成全身都是灰尘的土地公,顶多有路人经过烧几炷香拜拜他,他还是无法开悟的。

他又骂我胡说八道,我就问他:"如果我们人是一辆车子,那要如何修行呢?"

他怔了一下,说不出话。

我又接着问:"是让车子出去到处跑?还是一直停在维修厂,把车子零件都保养得很好,车子擦得很干净,才叫修行呢?"

我记得,他那天再也没有和我说一句话,后来我就离开了,我不知他是否领悟到修行的真义,但至少他应该有所觉醒。

什么才是真修行?

如果我们是车子,真正的修行应该是包含到处去跑以及回厂保养这两部分,车子被设计出来的用意,就是到马路上去跑,但车子也是因缘聚合的存在,需要数以

◎ 穿 ARMANI 的觉者 ◎

千计的零件都运作正常,才能应付各种路况及旅程,因此,每隔一段时间,最好都要回厂保养,甚至更换零件维修。

人也是如此,有了用来看东西的眼睛,为什么要一直闭着?耳朵可以把空气里振动的波转换成神经讯息传给大脑,我们才能听到吵架声或悦耳的音乐,这样精密、复杂的器官,不拿来尽情体验天地人间的各种声音,多可惜啊!

同样的道理,嘴巴可以用来吃东西和说话,鼻子可以闻各种味道,手可以创造万物,脚让我们可以跑、可以跳,尤其可以用来跳过山林里的小沟,为何我们全身聚集这么不可思议而且难得的因缘,却要全部绑起来,躲在一个地方不能动才叫修行?

修行当中,静心是需要的,但不见得一定要打坐,可随个人意志去做选择,但是勇敢跳入现实生活中的动态体验,并且保持觉知及观照,才是让人有所体悟的

◎ 穿 ARMANI 的觉者 ◎

关键。

尽管在婆婆红尘中,有苦、有烦恼、有恐惧,但也有甜蜜、快乐、归属感和超脱的快意。真正觉醒的人,应该是没有分别心地去体验所有的苦乐悲喜,去体验各种滋味,就像一辆车子可以走山路、走石子路、走泥巴路,或走高速公路,把各种体验输入我们的大脑,才能让我们的行车程序升级,从而可以克服更多不同状况的路面。

真正的修行,应把佛法从静态打坐转化成动态体验,完整的修行包含动与静,车子要上路也要维修保养,毕竟,佛法是动静皆宜,无所不在的。

◎ 穿 ARMANI 的觉者 ◎

烧佛禅师和拜佛像的人

轮回这东西到底存不存在?

地狱和涅槃或极乐世界,真的存在吗?

灵魂或鬼神是真的,还是只是虚构?

不少读者写信来问这类问题,其中不乏高级知识分子。例如,有位学电机科学的读者,他认知到的是这世界及万物的存在,遵循的是物理法则及化学定理,而灵魂这东西如何运作于这个物理世界中,是他一直无法理解的,但又宁可信其有,所以写信来求证。

回答这些问题前,我想应该先把大家的问题定位清楚。如果读者问我如何觉醒、静心或观照,或者如何看见实相,从幻觉中解脱出来,那么这些问题是属于佛法及禅的问题。然而,如果问我地狱、灵魂轮回及鬼神,或者超能力的问题，那么，这些问题就属于宗教信仰，也就是我说过的信念系统的范畴。

我想，大部分的读者还分不清这两个差别在哪里，因此，也有读者以为我是法师或道士，写信要求我驱魔作法，让我哭笑不得。

事实上，谈觉醒观照的是佛法，关心神鬼灵魂或西方净土的，是佛教。本来，佛法和佛教是不分的，是同一个东西的不同层次；然而，佛法在世间流传了两千五百多年，层次比较高的法，慢慢被误解为佛教，成为一种信仰，成为一种信念系统。因此，在佛陀灭度后两千五百年的这个时代，我要告诉大家的是："佛法不等于佛教。"

古代有个丹霞禅师，天冷了索性把寺里的佛像拆下来劈成木条烧，然而，这个动作在那些虔诚烧香、拜佛的信众眼里，是大不敬而且要受佛陀惩罚的。但是丹霞禅师却说佛像本来就是木头做的，为何不能烧？

◎ 穿 ARMANI 的觉者 ◎

你觉得谁对谁错呢？

事实上，没有人错，禅师要的是无我或空性，而佛教徒要的是寄托。

这就是佛法和佛教的差别，如果这两种东西没有搞清楚，把宗教信仰当成学佛的方法，就会出现被骗财、骗色的惨剧；同样的，如果把学佛当成信仰来修，以为每天虔诚念经、拜佛就能开悟，那么，迟早会走火入魔，离佛法愈来愈远。

什么是禅？中国的汉字很奥妙，禅这个字很早就告诉我们，每个人都是独一无二的"地祇"。禅，不求神通不求玄秘，只强调个人的体悟；因此，禅是一个单加上示，示是地祇的意思，也就是地上的神，双脚踏在地上认真过日子的神。所以，禅的意思，就是单一的地神，也就是透过静心观照，每个人都可以发现自己是独一无二的神。

相对的，信念系统给你一个信仰，一个不安及灵魂可以寄托的东西，这不是修行，它能让你安心，却会让你停止觉知和观照，停止了独立思考的能力。当你为了求心安去信佛、拜神，凭的是你的想象和意志力，也就是你的信念，除了佛以外，全球各地的原始部落也崇拜各种神，有的拜太阳，有的拜石头，也有人拜一棵树，只要你投射你的信念或意志力到某个东西，你自然会有相对的感应，让你增长自信，消除恐惧和不安。

例如，三世因果、六道轮回，属宗教的信念系统，和禅的体悟自性，真实不虚地感受到什么是悟，是完全不同的，信念系统是经过头脑才能产生作用的，而悟是超越头脑的。

然而，信念系统不是坏东西，它只是个工具，就像是一把刀或一把枪，用的好可让人身心安顿，有个寄托或透过自我暗示，来开发潜能，但用不好会害死人，或害死自己。

因为，宗教或信念系统的运作模式，类似直销商对

◎ 穿 ARMANI 的觉者 ◎

会员的洗脑效应,很多信念偏激或神秘的宗教,就是很多人没有保持觉知,而被教主洗脑。不管日后教主做什么荒唐事,教徒总是会去找合理的解释,来强化自己的信念系统,否则,一旦对教主或教义有怀疑,信念系统就会失去作用。

解释完了信念系统和佛法的不同,相信读者可以了解,前面大家问的鬼神、灵魂、地狱等问题,都是属于信念系统,至少对还没有修行到相当境界的凡人来说,超出头脑可以思考或想象范畴的部分,就等于是个人的信仰问题。

因此,大家问我轮回或鬼神、地狱存不存在,我只能说,在大家观照的功力还没有办法达到可以看见(不是用眼睛看)轮回、鬼神或地狱等层次的境界时,只好由你们个人去选择信仰它或不相信它,这些问题没有标准答案,就算我跟大家说轮回存在,也不代表大家就能看见那个实相,或者我否定了轮回,大家就不相信轮回，在大家都还无法观照的这个阶段，轮回、鬼神、地狱是否存在，要由你们自己去选择。

例如，同样是不杀生，未悟的人靠的是信念，害怕杀生会造业，所以才不敢杀生；但悟了的人靠的是智慧，是看见实相的体悟，而不是人云亦云的迷信，自然不会拘泥于不杀生的形式或仪式。

其实，佛说的三世因果、六道轮回，等于是佛法里博士班的境界，对还没有进入幼儿园的大家，是不需要太在意的，大家应该先从佛法的觉知和观照开始，慢慢让自己的智慧成长，慢慢升上小学、中学、高中或大学，等境界到了再来谈也不迟。

毕竟，拜佛信众和烧佛禅师的差别，在于禅师悟了，看见了（不是用眼睛看见），就像太阳在头顶，就像风吹脸庞，真切地感受到了，因此不需要再去逼自己相信或信仰什么东西；而拜佛信众因为看不见，所以选择相信或信仰佛是存在的也无妨，只要这个信仰能让他安心。

所以，轮回、鬼神、地狱这类的东西存不存在，由各位自己去决定是否相信（因为看不见、摸不到，所以才需要相信），你选择相信，它们就存在，选择不相信，它们就不存在，不管它们存不存在，其实都对大家不会有什么影响。

例如，我有个同学的老父亲过世了，有神论者说老父亲的灵魂会回来，无神论者说人死了什么都没有，但我那个同学却说，他父亲的爱虽然看不见、摸不到，他却能真实感受到，父亲的爱仍一直存在。

因为他和父亲几十年的相处，建立了深厚的感情，他的感受和体悟，不是其他有神、无神论者可以想象的。

悟就是这么回事，人是否有灵魂？人是否只是一堆分子的聚合？完全靠物理和化学的作用让人产生感情和思想？人死了之后什么都没有？

◎ 穿 ARMANI 的觉者 ◎

这些答案，最好自己去观照、体悟，当你体悟到了，你全身细胞都会感受到那个答案，那是一种超越眼耳鼻舌身意的"全知"或"唤醒"，不是用头脑去分析判断，也不是要你去看见什么神迹或听见神的声音。因为，实相只有一个，不会因为人的信念或喜好而有变化，只要你能看见实相，你就能找到答案，当你还不能看见实相时，不妨就给自己一个信念去寄托吧！

◎ 穿 ARMANI 的觉者 ◎

佛的慈悲，
来自于红尘间的爱

我说过，我想推广的是一种"人本自然"的以人为本的修行，我也说过，我所说、所写的，都是我自己亲身体悟的，不是我的头脑想象或编造出来的。

因此，当很多读者写信来问我，要如何才能拥有像菩萨和佛陀那样的慈悲，普度众生，我一再回答，先从你身边的亲人，或你的爱人开始，去全然地进入那个爱，不管是男女爱情、亲情、友情，你要全然地爱他们，但不是溺爱或乱爱；在全然进入这个红尘间的爱以后，你要去观照、体验它，最后就会有所悟，体悟到我们来这地球都是为了爱，我们为爱而生，其他的名利、权势、荣华富贵，都只是游戏，只有爱可以让人超越生

◎ 穿 ARMANI 的觉者 ◎

死和红尘的种种执著、恐惧和罣碍；接着，你自然可以把这个爱向外扩展，去爱你不认识的人，甚至去爱你讨厌的人，或是你的敌人。

然而，很多读者仍搞不懂，又写信来问，说佛陀不是叫我们不要有"我执"？不要执著于这些人世间的情爱吗？而且情欲不是所有罪业的源头吗？

这些读者显然没有看懂我说的话真正意涵，这也是我最担心、也最怕去误导他人的，尽管我写得已经很白话、简单，但仍有人会走错路，误会我的意思。

我说过，我们这些凡人想修行、想开悟，就必须从"人"的层次开始，而不是一下子就跳到修行者或神佛的高度。因为我们都是凡人，所以凡人所拥有的一切，包括大脑的妄觉，脑内的爬虫脑和动物脑，包括七情六欲和安全感、归属感的需求，包括我们的恐惧不安和懦弱，包括我们的贪、瞋、痴……所有的这一切，都是我们修行的基础。

◎ 穿 ARMANI 的觉者 ◎

所谓的学佛修行，是借由佛法来让我们拥有"看见"实相的智慧，而不是否定或推翻你所有的一切，重点应在于我们是否觉醒，是否懂得观照这些我们拥有的一切，不管是你认知为好或坏的，是道德或不道德的，只有透过观照，我们才能有体悟，进而看清世间万象的本质，大部分都是我们头脑加工出来的幻象，真正属于物质界和生物界的只有小部分，如此我们就可以从很多自己制造的痛苦牢狱中解脱出来。

如果，为了修行成佛，就要我们否定现有的所有因缘，包括我们对亲人、爱人、友人的爱，那么，不仅违反人性，也违反自然，这种修行继续下去，不是修成一个无情无爱的魔，就是会精神错乱。

佛是充满爱的，佛不是无情的，否则，佛何来慈悲说法度众生？否则菩萨为何觉悟了，还不愿离开人世间，还对众生有很深的感情？

只是，我遇过很多法师和学佛的朋友，都认为佛是

◎ 穿 ARMANI 的觉者 ◎

不谈情爱的，也认为情爱为人带来痛苦，因此要斩断七情六欲，因为无情无爱才能解脱，否则永远在这红尘间轮回，无法升到天界，开悟成佛。

在这里，我必须向他们说，这些想法都错了，大错特错。

为什么我敢这样肯定，说佛和菩萨是充满爱的，那是因为我不是用头脑逻辑在下结论，而是我在长时间的观照下悟到了，我全身细胞都感受到了，爱的力量无远弗届，不可思议，每个人，或者说每个灵魂，都因为爱而存在，不管他在宇宙里轮回了几百世。没有爱，灵不会存在，灵的力量就不会聚合几亿或几百亿个细胞形成一个生命体；没有爱，生命体与生命体之间，就不会有感应，就不会有感情。

在观照中，在不停地大悟小悟中，我看见了世间的许多实相，增长了许多智慧。但是，当我的"看见"到达了一个程度，就体悟到"爱"这个东西是无所不在

的，而且我发现，如果没有爱，我的智慧和悟就无法让我解脱，如果没有爱，我"看见"愈多实相，就愈恐慌不安，甚至会被误导到万物是唯物的歧途上面，而走火入魔。

我"看见"每个人来这地球，背后都有很深且很复杂的因缘，并非纯粹的随机或偶然，很多我们看不见的东西，真实不虚地存在于这宇宙，包括因缘和灵魂（阿赖耶识），因缘里面包括业力、愿力和自力，甚至一只狗、一只猫，或一朵花、一只虫，都有灵魂和因缘在其中。

当你能从长期观照中悟到这些，你自然就会懂我在说什么，你自然就可以把你对亲人、友人、爱人的爱，扩展到更多人身上。

否则，我讲再多，大家只是用头脑，用人类有限的脑力来解读我的悟，必然会觉得我说的不合逻辑，违反传统佛法的精神。

◎ 穿 ARMANI 的觉者 ◎

物理学家在做量子力学实验时,发现粒子的运行轨道,会受人的视线和意念影响而脱轨乱窜;市面上有一本畅销书提到,我们对水说好话或发出善的意念,水的分子结构会变得很对称很美,相对的,对水发脾气,水的分子结构就乱成一团。

万物是有灵魂的,这不是我的信念系统,而是我的悟;有灵魂的生命体是可以用意念互相沟通的,甚至我们的意念,可以影响他人或这个大千世界,这也是我的悟。

记得我小时候养了一只狗,有一天我回家发现鞋柜被它搞得乱七八糟,我气得在门口等它回来要骂它一顿。结果,我发现它还没进门,也还没看到我,就夹着尾巴哀嚎着冲到街上去,我气得追出去,它还一边跑一边回头看我……

类似这样的真实案例,全世界到处都在发生,大家想想,连狗都能感受到我的意念,更何况是人?

◎ 穿 ARMANI 的觉者 ◎

佛和菩萨是超越人、却又包含人所有一切的觉悟者，并非割断或舍弃人所有一切的外星人，佛和菩萨是有情有爱的，他们的慈悲来自红尘间的爱，只要全然付出你的爱，同时保持觉知和观照，你就能感受到佛和菩萨的爱。

我说过，人各有因缘，如果你还不能透过观照，"看见"我所"看见"的，不妨也把我说的当成一个"信念系统"，让灵魂有个寄托或依循的轨道。但是，请你一定要保持觉知，否则你反而会变成信念系统的奴隶。

如果你也能观照到我说的，也不妨写信给我，告诉我你"看见"了什么？

◎ 穿 ARMANI 的觉者 ◎

"无我"不是要你否定自我

我没有觉醒前,曾用头脑误解了"无我"的真义,我忘了佛法是不能用头脑来想象的,当我犯了这个错,把"空"、"无我"这些只能悟的东西,硬是灌输到脑袋里去分析及想象时,我察觉到我的大脑开始激烈地反抗,似乎人生当中所有的绝望、焦虑和恐惧,一瞬间都涌进了脑子。

我的呼吸开始急促,像被人掐住脖子无法呼吸,全身的细胞、神经系统都起来造反,似乎有个东西强硬地要进入我的脑袋来取代我的意识,我感觉到我的这个意识和生命系统,似乎瞬间就要崩溃分解掉。如从心理学的角度来看,这种感觉类似恐慌症,是人处在一种极度不安的恐惧状态。在这一刻,我堕入地狱的最底层,生

◎ 穿 ARMANI 的觉者 ◎

不如死，但我察觉到，我违反了潜意识中的"生之本能"，我不小心闯进了潜意识的黑暗禁区，当时我如果没有立刻删除对"空"和"无我"的错误认知，我恐怕会精神错乱，甚至自杀。

过去，我听了太多朋友学佛学到得忧郁症或自杀的例子，我想，他们大概就是像我一样误解了"无我"的真义，才会走火入魔。

然而，也就是经过这次的教训，我开始质疑传统佛经、佛法、佛理，到底是哪里出了问题；也因此，我才决定忘掉以前所学的佛法，开始自己去观照，去找答案，如今我才能成为"我"，在这里和大家分享我的经验。

关于"无我"这个东西，在不停的观照后，我终于悟到了那个境界或状态，也体悟到更多关于"我"的实相，为了避免还有读者像我一样被人误导或误解佛经而走火入魔，我要告诉大家许多法师或居士不会告诉你们的事实。

首先,大家要知道,佛法中的"无我",绝不是要你否定自我。在我悟了以后,发现"无我"这两个字确实会误导很多人,但我绞尽脑汁,似乎也找不到可以代替的字眼,毕竟,自己体悟到的东西,很难用人类贫乏的语言文字来精准地传达那个意境,佛陀深感如此,佛经的作者或译者也是如此。

虽然,佛法的实相说明了万物都是因缘聚合而成的,没有什么永恒不坏的东西,缘来则聚,缘去则散,但这只是指构成万物的分子及能量;然而,佛所说的空性,是超越物质或分子的,是超越因缘无常不生不灭的,是永恒也是瞬间,是超越时空的。

我所悟到的是,在我们的细胞里,在构成细胞的分子里,在构成分子的粒子里面,更深更深的地方,是"空性"所在,一切万物都由这个空性里出来,但这个"空性"并非我们头脑想象的一无所有。或许将来有一

天，物理学家可以用仪器看到空性，或许空性看起来像黑洞一样，没有什么东西，但我体悟到，在这空性中充满着灵性和神性。

因此，"我"绝不只是物质的聚合，"我"里面包含着自性及灵魂，我的"识"存在，我会有执著，这都是灵性的一部分，不能否定，也不能被替代的。

就如我过去犯的错，告诉自己，我只是物质聚合的现象，一堆血肉神经系统和骨骼的组合，甚至逼自己去相信这个事实，结果陷入极端恐惧的深渊。后来，我察觉到这是我内在的灵性在抗议，它想告诉我，人，是由灵性出来的一个存在，是灵性包含精神、感情与肉身，而不是肉身包含灵性；没有灵性就没有我，就没有自性，否则，宇宙中的粒子分子，为什么可以聚合成我的存在，拥有这么复杂精密的神经系统、免疫功能、消化器官，以及眼睛、耳朵、鼻子、嘴巴……这些不可思议的聚合，如不是空性中的灵性，也就是佛法中的"阿赖耶识"的力量，是不可能存在的。

我所说的，请大家不要用脑袋去想象或分析，也不要用逻辑去推论，因为，这是超出人类小小脑袋可以理解的"全实相"，将来如果大家也可以透过观照悟到这个境界，就可以知道我在说什么。

然而，在大家体悟"空性"之前，请先不要再把"空性"当成自我否定，或是把我看成只是物质分子聚合的现象，因为，全世界学佛的人口这么多，如果大家没有正确认知，不知还有多少人要走火入魔。

尤其，佛法中的白骨观、不净观，虽也是个法门，但不适合所有的凡人，那是毒性很强的药，不要乱用、乱信、乱修，否则会被误导为人只是一具臭皮囊，反而会让更多人得忧郁症或自杀以逃避一切。

我的友人对佛学特别有兴趣，他说曾在书店看见一本限制级的白骨观修行手册，里面尽是车祸或意外现场尸体皮开肉绽的照片，看了令人作呕，如果这些东西被

◎ 穿 ARMANI 的觉者 ◎

没有觉知、对佛法也没有基础认识的一般人看了，真不敢想象这个毒药会害死多少人。

　　曾有一位读者来信问，他说我的书让他实证了"无我"，可是日常生活中所接触的每一个人，却又处处提醒他的存在，他昨天做过的事，上星期说过的话；他的经验、资历仍在，父母叫他儿子，子女叫他爸爸，老婆叫他老公，这些因缘无法让他抛开他的过去。他不是生活在佛教团体里，里面每个修行者都了解"无我"，以及"我"的不存在；因此，在日常生活中，他得随时向这些人表示"我"的存在，因他不能告诉这些亲人和上司、朋友他是不存在的，他的理解和现实生活无法融合，必须经常转换于理解与现实之间……如果"我"不存在，又是什么"东西"学会了说话、技能和知识呢？

　　看完这封信，让我内心涌起无尽的担忧，无奈，文字这个媒介如此不精准，不管我写得如何白话、浅显，仍会有人误解我的意思，这也是我为什么必须再写这本书的原因,也是写完这本就不再写的原因。文字这个东西,核心要点该讲的讲完后,有缘的看得懂自然会懂,看不懂的我写再多也是枉然,因此我没有必要再多写了,否则,写的愈多误人愈深。

我这么回答这位读者:

或许是我的书仍没说清楚什么是"无我",只因佛法这东西本来就无法用文字说清楚,只因那是个人的体悟,无法直接复制给你。

看你的来信,发现你似乎把"无我"的意涵搞错了。无我是一种状态,不是一个理解或想象,更不是叫你刻意抛开过去的一切,如有刻意,那就不自然,就是有问题。

无我是不能用头脑去想象或切割出来的,无我是一种全然接受当下的一切,没有分别心的状态,那是修行者的最终状态,不是一般人可以进入的。

目前如你仍活在红尘现实里,应该先把"无我"忘

◎ 穿 ARMANI 的觉者 ◎

掉，因为那个境界离你太远了，你不能太刻意用头脑去强迫自己或催眠自己活在无我里，否则会精神错乱。

你应该学着让自己觉知一切，然后观照一切，接受一切，包括你的父母、老婆、子女，你的情爱和一切都是自然的，都是人的本然面目，不能刻意去抹煞或否定，你应保持觉知地拥有这些情爱和自己，全然地接受当下的一切，顺也好、逆也好、苦也好、乐也好，不管外境来什么考验，不管内心有什么变化，你都要保持觉知，如此才能进入修行的大门。

等你用心体验、观照过人生的种种滋味，最后再来修"无我"，才是正途。

真正的"无我"是不需要在现实与理解间转换的，我一再强调，只要是不自然的，都是不对的修行，希望你记住这个原则，不要再走错路，否则后果不堪设想。

总之，我希望不要有读者再误解我的意思，我再强调一次：无我，绝对不是否定自性或删除自己的灵魂、意识,而是忘了或不执著、贪恋"我"这个头脑创造出来的概念,因此不会让外界因缘牵着鼻子走。

　　人,是包含所有因缘业力的存在,修行者或佛也必须在这个实相基础上才能存在,无知地否定了我和自性,就会和我一样,刹时间以最快的速度堕入十八层无间地狱,生不如死。然而,让我从地狱深渊又回来的,是"我"的觉知,让我迷途知返。切记,觉知才是最好的老师,没有觉知、觉醒和观照,就不会到达"无我"的境界。

◎ 穿 ARMANI 的觉者 ◎

恶魔和佛陀，都在追求同一种快感

凡人追求物质、名利的欲望，本质上和佛追求开悟及达涅槃是一样的。

为什么人要学佛？为什么佛要求道？

说穿了，动机及目的都是为了追求快感，一种来自生命底层的纯然快感，一种可以让人离苦得乐，摆脱恐惧不安的快感。

来自生命源头的快感，是推动生命前进的力量，让心脏持续且更有力地跳动，细胞活跃、脑神经活化，分泌脑内吗啡，让生物体拥有更强的力量去面对现实的各种挑战，甚至进化，超越现有的一切。

只是，本质上同样是推动生命能量运转的快感，在

◎ 穿ARMANI的觉者 ◎

这宇宙中是有层次的。对鱼类的原始脑来说，最大的快感是张口呼吸和吃到东西；爬虫类则是成功地抓到猎物或躲开敌人的攻击；哺乳类动物除了满足吃的快感，还有安全感及归属感。

人类除了拥有前面那些生理满足的快感，还有感情需求被满足的快感，以及精神层次（思想、艺术、创造、成就……）的快感；至于修行者或禅师，则有灵性上的快感（超越头脑逻辑的快感）；到了神佛境界，则是有一种人类无法理解，遍及宇宙、不受时空限制，没有过去、现在、未来的快感。然而，快感到了这个境界，也已经不能用快感这两个字来形容了，就像禅师到达了平静和自在的境界后，也早就把"追求"这个概念丢掉了，因为，禅是"反追求"或"无求"的，如果心中一直有个追求快感或其他东西的概念，是不可能达到禅的境界的。

当你也体验过人世间的种种快感，不妨学着开始超

◎ 穿 ARMANI 的觉者 ◎

越它们，来体验更上一层的灵性快感，那是一种和人世间欲望和快感反向的境界；当你能面对自己的"空无"，当你能超越俗世的执著和罣碍，透过不停的观照和体悟，你就能开始体验到更高境界的灵性快感。

例如，在灵性层次中有一种快感，那种感觉要比做爱高潮时的快感还强几千万倍，那是我们头脑无法想象的，只能自己体悟感受，这种快感在印度的原始佛教称之为莫克夏或三摩地，中国的法师翻译为极乐世界或涅槃，要进入这个世界，需要极高且振动频率超越凡间的能量，我们的大脑和全身细胞及内在的灵魂，才能到达那个状态。

开悟的人，等于是安住在这个极乐的状态，有悟性的人，懂得观照、懂得超越头脑设下层层障碍的人，也可以在某些因缘下，激荡出强烈能量时，瞥见这个状态。

或许，你可能是在极端痛苦中瞥见这个三摩地，也

◎ 穿 ARMANI 的觉者 ◎

可能是在历尽人世间的各种滋味、百感聚集时产生强大能量,让你像火箭冲到太空看见空无,但很快地又掉到凡间。

或许,你也可能是因为佛经的一段经文或一句咒语,也可能是听到一首曲子或特别的嗓音,也可能是因为迷人的彩霞或白净的云,让你碰触到这个境界。

以我为例,我觉得音乐是直通灵魂核心的能量形式,音乐可以跳过我们的思维和视觉感官,直接碰触我们的灵性。我经常静心观照,但很少进入那个三摩地状态。

然而,有一天我观照有所悟,觉得全身能量饱满时,偶然间听到一首歌,听到那首歌里日本女星的嗓音和乐曲,刹时间全身像被高压电贯通,到达了三摩地的状态,我忘了我自己,忘了时间、空间,忘了一切,却又好像可以觉知到一切。虽然只有短短几秒钟,但那种强烈能量振动下的感受,像是全身的细胞都通了电,整个脊椎骨像被高压电电到，直冲大脑，能量强到头皮发麻，事后过了十几分钟那种麻还在。

那种体悟我永生难忘，那些能量似乎用一种超越人类语言的讯息，告诉了我许多事，刹那间我完全明白了，不再疑惑，灵魂全然安定了，不再彷徨犹疑，我知道我要修的、要追求的，不是外在物质的一切，而是灵魂核心里的那个东西，是什么我说不出来，但它释放出强大能量，不可思议的能量，那种能量甚至可以让你超越所有的苦，所有的恐惧和罣碍，包括死亡和世界末日。

我深深体悟到，佛陀在追求的是这个东西，恶魔同样也想拥有这个不可思议的智慧和能量，只是恶魔和大部分活在无明中的凡人一样，走错了路，他们从满足自我的欲望入手，他们不知道人的心念才是决定灵魂核心里那个能量振动的频率，当心念愈杂、愈恐慌、愈不安，那个能量振动的频率就愈乱；于是，他们离那个灵

◎ 穿 ARMANI 的觉者 ◎

魂安定或涅槃的状态愈来愈远，最终只能活在地狱里，同时也因为地狱的能量杂乱引起的极苦折磨，让他们终于成为恶魔。

快感可以来自两个方向，一个是全然去做你喜欢的事，全然地陶醉于其中的享受，甚至到忘我的境界；另一个是全然去接受你讨厌的事，直到你到达一种超越苦乐，超越喜欢或不喜欢的境界。

第一种快感的来源，人人都有这个本能，但只有很少人可以达到忘我的境界。第二种快感来源，是大部分人都不懂得，也无法去想象的，只有误打误撞或真的觉醒的人，才能在亲身体验中去悟到那种状态和境界。

恶魔或无知的凡人，只懂得追求第一种来源的快感，满足自己的欲望需求，然后，用酒精、毒品、感官刺激或任何可以逃避痛苦的东西，来麻醉自己，不去面对讨厌或害怕的东西。

而佛陀要教我们的，就是要把"我"这个框架丢掉

◎ 穿 ARMANI 的觉者 ◎

（不是否定自我），全然去接受你喜欢或不喜欢的事，然后在其中得到一种纯粹的、不受外界或你内在因缘影响的快乐，有雨也好，有风也好，顺境也可以，逆境也行，甚至面对死亡，都能进入一种纯然的快乐，拥有这种智慧和体悟，才算是真正的开悟，而佛法，说穿了就是教人如何拥有这个能力的智慧系统。

因此，当我们这些凡人开始学佛，开始去体验世间万象时，如果你被误导去压抑或否定自己的快感，你必然活得不快乐，学佛也学得灰蒙蒙的，像枯木、像活死人、像被诅咒的木偶一样，不敢自在尽情地体验一切，人生也从彩色变成黑白的。

其实，以我悟到的实相，我想告诉大家，真正的佛法，尤其是超越一切形式或仪式的心法，是从体验快感开始的，也就是从自然和人性的需求开始的。饿了就吃，累了就睡，这就是自然；该哭就哭，该笑就笑，这就是人性。佛法是教人保持觉知地去体验这一切，而不

◎ 穿 ARMANI 的觉者 ◎

是压抑自己的感情和个性，让自己成为封闭的生命系统，让自己与社会众人或这个世界隔绝。

从现在开始，你可以自我检视，保持觉知地观照自己：是否真的快乐？在佛法中得到快感？不需要在意别人，也不需要自欺欺人，有没有快感只有你自己知道，如果没有，赶快向自己的内在找寻答案吧！

◎ 穿 ARMANI 的觉者 ◎

不要禁绝欲望，而是超越它们

我曾说过，七情六欲是我们开悟的门，或是电梯，或是一个入口，而觉醒和观照，就是打开这个门的钥匙或通行证。然而，有很多读者写信来说他们搞不懂这个意思，甚至很多人认为，如果他们不禁欲守戒，就无法修行，欲望会一直干扰他们，因此，他们认为学佛就一定要禁欲，否则无法修行。

在这里，我想告诉大家，我所悟到（并非头脑逻辑式的思考）的道理是：万事万物的存在都有其因缘，如果不能观照到万象的本质及其因缘，就断然禁绝了某些东西或能量，这些被禁绝的东西或能量，仍然会流窜到别的地方，以不同的形式来干扰我们，而且副作用更大。

许多欲望受阻的人，会把心中的欲望能量，转移到暴饮暴食或疯狂购物的行为上，不然就是沉迷于毒品、酒精或情色、赌博中，也有人转移到工作或事业上，尽管事业成功，但内在的坑洞仍在，如不能保持觉知，外在的成就再高，内在的功课仍是不及格，灵魂仍无法安住。

那么，我们该如何面对那永远填不满的欲望黑洞呢？

学佛的人，又要如何去超越欲望呢？

从人性的角度来说，我个人反对禁欲式的修行，因为，问题不在欲望，而在于我们怎么处理欲望，如你懂得管理，欲望也是难得的因缘享受，欲望也是我们的导师。

例如，你看见一位美女或帅哥，心中升起一种舒畅的快感，让人放松，感到愉快，如果你懂得观照，就会

◎ 穿ARMANI的觉者 ◎

了解这个快感是千载难逢的。首先,你必须要有眼睛,包括水晶体、眼角膜,把光线的讯号转成神经讯号传到大脑;同时,你的内分泌也要正常,该有的荷尔蒙就要有;再来,你的潜意识和集体潜意识也要有相对的软件程序(原型或情结……),否则你对异性也不会有美的感受。

其实,在这个感受到美女或帅哥的过程中,还有无数的因缘我没有一一细说,或许要完成这整个过程,中间需要有数以千计的因缘条件存在,而且彼此运作正常,眼前的这异性生物,对你来说才有所谓的吸引力或魅力。

如果在这中间有任何一个小小因缘不成熟或条件不足,那么,你就无法享受到这个无以言喻的快感。

我记得看过国外科学家的一个研究报告,说有些脑部受创的患者,对美女、帅哥或性爱画面完全没反应,或许有人会觉得这样也好,没有了欲望反而可以更快解脱开悟，但这是妄见，开悟是拥有一种东西并超越它的状态，开悟是你包含着很多东西，但又不会被这些东西牵着鼻子走，你的心像镜子或金刚钻，照应万物，包括欲望在内，任它来、任它去，不会沾染任何尘埃或眷恋，这才是真正的悟。

相对的，把脑子或神经系统弄坏而对万物没有感应，这是死人禅，如果对色相不会有反应就是悟，那么坟场里一堆死人都是佛了。

因此，佛法跟我们说色不异空、空不异色，是教我们去观照万象的本质是空，是许多因缘聚合而成的，并没有教我们用头脑去压抑它、否定它，甚至污名化，把它们看成妖魔鬼怪。

所谓的修行，是要练习如何以接近实相的状态，去看待这些色相、欲望、名利、快感……不要被这些幻象牵着鼻子到处乱跑，一下子上了天堂，一下子又堕入地狱。

◎ 穿 ARMANI 的觉者 ◎

所以，面对欲望，与其压制它，不如去管理它、看透它，进而超越它。

尤其现代人的诱惑太多，更需要管理欲望的智慧。例如，每天早晨一醒来，无数的诱惑讯息如排山倒海般涌进我们的脑子里，美女、名车、豪宅、名牌精品、游戏……太多太多超过我们大脑及神经系统可以负载的信息，占据了我们的头脑和潜意识，逼得我们的意识愈来愈没有主控权。因此，很多人被一堆欲望驱使着，去追求那些追求不完的欲望，每天活得很累，而且愈活愈痛苦，因为欲望满足了，虽然有一瞬间的快感，却要付出很多代价。当这笔账还没缴清时，下一个欲望的驱力又来逼你了，于是，追求欲望是苦，追不到也是苦。

本来，世间任何事物都可以体验，但当一个人不懂得去管理自己，不懂得保持觉知时，任何体验都可能变成致命的杀手。

例如，吃喝玩乐、赌博或喝酒，本质上都不是坏事

◎ 穿 ARMANI 的觉者 ◎

（好坏是人的左脑设定出来的），但有人就是没有觉知，不知道自己的极限在哪里，一再地沉迷其中，于是，这些东西就变成了妖魔鬼怪。

如果人们可以超越大脑的执著和贪瘾，那么，世界上也不会有什么东西是违禁品了，包括香烟、酒、毒品、赌博、情色产业等等在内，在这个地球上的每个国家或地区，都不约而同地立法来管制这些东西，本质上就是因为我们无法超越大脑的上瘾程序。

在中医领域里，烟、酒也可以治病，在西医眼中，毒品和麻醉剂在分子结构上是差不多甚至是一样的；打麻将可以预防老人痴呆，赌博也可以用来当做兵法训练，至于情色，孔老夫子也说食色性也。一个人要自然地吃及发展色欲，才是健康的，才是合乎自然的，为何这些合乎人性且自然的东西，到了我们这个文明社会，就全变了样？

我曾假设过——当佛陀也要缴信用卡债，当佛陀也

◎ 穿 ARMANI 的觉者 ◎

犯了过度消费而负债的错,他要如何处理?

答案就是去觉知,去观照负债的因(种子)是什么。当然那个因就是欲望的驱力太强,而且这些欲望是被许多企业或厂商制造出来的,不是我们本能的欲望,这些欲望根本是头脑里的妄觉,因为人们没有保持觉知而被扩大,才会产生强大的妄念和妄想,形成强大的驱力逼他去刷卡做过度消费。

当佛陀也欠了卡债,他不会怨天尤人或活在焦虑中,他知道如何把问题从源头解决掉,这就是佛法。

我常听说很多年轻人,就是不懂得管控自己的欲望,而欠下很多卡债,在还债的压力下得了忧郁症,有的人打工了好几年才还清,有的人是父母代为偿还;然而,因为他们没有去处理脑中的妄觉,没有把问题的源头处理掉,当债还清时,他们又继续陷入同样的轮回中,又被妄念驱使着去乱刷卡,结果有人又还不出来,父母也帮不了忙,只好跳楼或割腕自杀。

◎ 穿 ARMANI 的觉者 ◎

因此，不管你是不是学佛者，现代人要活得自在自然，首先就要懂得管理自己的欲望，尤其是那些被厂商或广告制造出来的欲望。但我们也不能完全否定或压抑禁绝，因为追求快感是大脑的本能，只是它的程序太老旧无法应付现代这个讯息爆炸的环境，而佛法就是教我们修改自己的大脑程序，让它升级进而超越这个环境及欲望的智慧系统。

欲望，以及满足欲望的那种快感是珍贵难得的，佛法的许多秘密和智慧，都藏在这些快感中，如果你想活得快意，或者学佛学得很快乐自在，不妨学着去观照欲望的真面目，在享受欲望的同时，又不受它牵绊折磨，进而超越它，千万不要太贪恋它，或太压制它。

佛法讲求的是自然，自然就是不偏不倚的中道，凡事只要不走极端，都是美好的因缘，即使是欲望和幻象游戏，亦作如是观。

◎ 穿 ARMANI 的觉者 ◎

第二篇

"觉知"才是学佛开悟的起点

四十岁，我才学会怎么走路

小时候，对这个世界充满好奇，什么事都是一个好玩的新鲜的，即使从小家贫困顿，也不觉得苦，似乎每一天早上醒来，都是好玩游戏的开始。

然而，上了中学，开始有考试压力，到走上社会接受各种残酷现实的历练，生活，似乎只存在烦恼和不安，不再好玩。

不知从什么时候开始，我就一直活在这种不安而不自知，即使长期睡不好，心不踏实，全身的神经系统和细胞也从没罢工，下意识就这么紧绷着过日子。

这种状态直到觉醒后，我才慢慢察觉到，原来我每天晚上都没有真正在睡觉，因为我的神经系统和细胞，

◎ 穿 ARMANI 的觉者 ◎

尤其是大脑，一直都处于紧张的状态，只因我放不下很多烦恼和执著。

不仅睡觉质量不好，我也察觉到我吃饭时，根本没有考虑过要让我的消化系统好好工作，经常为了赶时间而狼吞虎咽，也经常在吃饭时和人家开会或大声争吵，吃东西也是在无明的驱使下，吃太多不该吃的东西，难怪长期下来，每次吃饱饭肠胃就不舒服。

人的身心灵是一体的，当我的内在灵性没有得到安顿，我的神经系统也跟着处在一种紧绷不安的状态，同样的，我的心理和情绪，也就不自觉地武装起来，随时准备和人家开战。

因此，我可以为了一件小事和人吵架，可以为了一个小误会而先在心里判人家死刑，开始对某些人有成见，然后用我自己不安的大脑制造出来的分别心，为这世界及我认识的所有人贴上标签，好让我觉得心安。但事实上，我内在不安的坑洞根本没有消失，反而一直在扩大。

在觉醒之前,我根本不知道什么是"自在"。

就这样,因为我的无明、我的内在不安,让我的苦和烦恼,像连锁炸药,把我的健康、工作、人际关系、财务、情绪、感情、家庭……一个一个地炸溃掉,然后自己只能怨天尤人,怪老天爷折磨自己。

觉醒后,我才知道,老天爷根本没有那么多时间针对我一个人,故意捉弄我或折磨我,我所有的苦和烦恼,都是我自找的。

我察觉到,这一连串的苦,源头都在我内心深处的灵性,里面有太多的坑洞和不安。因此,要活得真自在,只有从灵性下手,去观照它,去唤醒它,照见所有坑洞和不安,都只是我们大脑的诡计,真实不虚地"看见"那个早已存在的完美自性,再也无所惧、无所求、无所罣碍。

人,一直是如此地活在梦里,只有灵性觉醒了,身心才能真的安顿。

当我领悟到了这个道理，我开始修正大脑的程序，修正我的行为，包括身、口、意三个层次，我修掉过去对自己一切太在意的执著，学会了静静地观照，接受整个世界和身边所有人对我的评价及影响，而不去干涉他们，这时候，我才感悟到什么是自在。从此，我和这个世界以及其他人的关系，开始进入和谐的状态。

我时时保持觉知，发现大脑和身上的所有细胞，都累积着大量的无明习气。习气这种东西也可以说是长期重复或累积的"细胞记忆"，例如，当我说话时，神经系统又会不自觉地武装起来，或者无法控制自己的嘴巴，说出一些不该说的话；当我吃饭时，习惯性地又会把饭当药一样，急着送进口中，没嚼几下，就用水或汤把饭吞下去；当我睡觉时，下意识地又会咬着牙、绷紧神经，半夜拼命磨牙而不自知；最严重的是，和朋友出去散步时，我总是没走几步路就全身僵硬，神经和肌肉

酸痛，即使经常找人推拿或按摩，效果也是短暂的，只要我再走一下路，全身背脊、手脚、肌肉就酸痛无比。

我知道，当我没有觉知，这些"细胞记忆"又会自动执行程序，不经大脑指挥就沿用以前的模式开始运作。因此，我开始练习自然地、放松地吃饭，以及睡觉、说话、思考和走路。

尤其是走路，我还特别找了一天，到公园里去练习如何走路，如何自在地走路。然而，那天走了好几个小时，我才发现，原来，光是走路这个动作也是一门很大的学问，如何放松神经，但肌肉又可以自然地运用张力和缩力，让人走得很轻松又不会累，似乎比生孩子还难。

最主要的是，如何走路时让自己安心地放松。我发现，我走路时，只要内心有一点点的不安和罣碍，我的神经系统和肌肉就开始进入备战状态，无法放松自然地走，而且走得很辛苦。

◎ 穿 ARMANI 的觉者 ◎

后来,我坐在公园看着狗、猫的走路姿势,那种放松自在的模样,我才领悟到,大自然早就教我们如何走路,但我们的大脑负载了太多的烦恼和罣碍,所以我们无法像狗或猫那样自然地走着。它们没有过度发达的皮质脑,它们不会像人类有太多抽象的思考和不安,更不会有头脑制造出来的妄觉、幻觉和烦恼,它们走路时的姿态是那么的美,全身的神经系统、肌肉是那么的协调平衡。

狗和猫是我学习自在走路的老师,因为,它们走路时,心中没有"我",不像人类走路时,有人很在意自己的装扮,有人很在意别人的目光,有人很在意别人都看不到的脸上的细微皱纹,也有人很在意路上的行人是否对他有敌意。

相反的,狗和猫走路时是"无我"的,所以能自然、自在。

掌握了这个心法后,我时时保持觉知,在说话、吃

◎ 穿 ARMANI 的觉者 ◎

饭、开车、走路及睡觉时，尽可能让自己进入"无我"的状态，时间一久，过去的无明习气，自然就烟消云散。因为"无我"，因为保持觉知，我比较不会说错话、吃错东西或用错的方式吃东西，不会乱贴别人标签，面对他人也不会再涌起没有意义的敌意，以及不会乱走路。

就在我保持觉知地练习走路的几个月后，有一天我走路要去接儿子放学，我发现我终于学会了走路，全身放松，肌肉自然运动地走路，走路变成了一种享受，而不是负担或压力，走远一点也不会很累，像在云上滑行一样。但我也发现，我的身体过去被耗损得太厉害，肌肉、神经及五脏六腑都虚弱不堪，无法再像年轻时可以一下走几个小时，然而，知道自己的极限和状态，也是一种自在。

走路，这么简单的事情，我到了四十岁才学会。

同样的，看似简单的吃东西、说话、开车、洗碗、

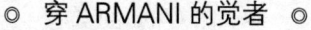
◎ 穿 ARMANI 的觉者 ◎

写字……也都有不可思议的秘密在其中，只是我们都无法去静心观照、体悟。

过去，我曾病倒在路边，像濒死的野狗；我曾被贴标签，戴上恶人的帽子而百口莫辩；我曾被倒账，尝过公司倒闭、破产的滋味，也尝过被追债，亲友视我如恶鬼，避之唯恐不及的感受；我也历经走投无路，孤单一人无依无靠，爱人弃我而去的低潮；当然，我也有过为了吃一顿饭而到处打零工的贫困时期，也有亲身堕入地狱的恐惧。

当我觉醒，我静静观照我经历的一切，虽然我"看见"这一切都是梦幻泡影，但幻影背后的情绪，那种孤单、不安、恐惧、悲凄和无助，对我们的灵性来说，也都是真实不虚的，我是如此，世界上的所有人也是如此。

因此，我希望人人都可以觉醒，不论出身多么贫贱或经历过多么不堪、悲惨的遭遇，穷人也好，失业者也

◎ 穿 ARMANI 的觉者 ◎

好，小偷也好，风月场所的女郎也好……都应该得到关怀和抚慰，都应该透过觉醒来超越生命中的各种创伤和苦恼。

同时，也因为我曾经历过缺钱、亚健康、失去爱情、没人关怀、没有尊严的各种苦，即使我知道这一切是因缘幻象，但我体悟到，我应该珍惜身边的这些难得的因缘，不执著于它们，但也不抹煞否定它们，好好享受这些健康、感情、金钱、朋友、事业等因缘，因为，它们都得来不易，全然地去体验这些因缘而不属于它们，才有真自在。

因此，你无需禁绝这些因缘去找苦修，去寺庙里找自在，只要你懂得如何自在走路，就懂得如何自在过日子。

人生是苦，所以要学会接受世间万物的无常，不仅要学会放下，还要体悟如何超越它们才行。

我有一个朋友经商被骗了十万元，从此得了忧郁

◎ 穿 ARMANI 的觉者 ◎

症，每天出门身上要带一大袋药，除了身体吃太多药有副作用，长期以来的医药费，也早比被骗走的还多出好几倍。如果他能放下，而且超越这个经验，不再担心害怕再受骗，身心健康地投入工作，那十万元早赚回来了。

我们身处的新时代，和两千五百年前的佛陀时代，社会结构和文明程度相去甚远，我们享有了高科技和文明带来的好处，但也相对负担了更多的压力和烦恼。因此，和佛陀比起来，现代人应该先学会如何自在过生活，这要比求开悟进入涅槃来得重要。

然而，要活得自在，就必须学会如何习惯无常，甚至超越无常，悟到万事万缘不论你喜不喜欢，来也是我，不来也是我。只有超越对无常的恐惧不安时，你走路才能像个人。

◎ 穿 ARMANI 的觉者 ◎

你的"无明"决定你的命运

在《金刚经》里有一句"善护念",让我特别有感应,就像六祖慧能虽不识字,听到人家念"应无所住,而生其心"就大悟一样,我的修行心法,说穿了就只是以这三个字为核心,就可发挥出不可思议的力量。

到底,什么是修行?

很多人都这样问我,然而,我的回答都是一致的:你当下的一念,比上一念更清醒、更有成长,就是修行。修行,就是在观照、管理你的每一念,进而破除一些错误观念、不好的习性或妄见,然后修正大脑的程序,进而改变你的行为,这就是修行。

◎ 穿 ARMANI 的觉者 ◎

我说过，我一生中最怕的就是习性和业力，在我还没有觉醒前，我的"无明"，也就是没有觉醒和智慧的意识，任凭习性和业力牵着我下地狱、上刀山，我尽管痛苦，但也无奈，除了怨天尤人，还是无奈，因为我无法看透我招惹的祸、我遇到的不幸、我感受到的苦，都是我的"无明"带给我的。

过去我曾帮人作保，明知这么做风险很大，但在好友怂恿下就糊里糊涂签了字，结果几年后好友还不出银行的钱，落跑了，银行当然找我负责，我只好每月省吃俭用帮好友付了好几年的贷款。那段日子真是苦不堪言，刚开始我也只会咒骂那个死没良心的好友，但日子久了，我才会觉知到一切都是我的错，我在做任何决定时，都没有保持觉知，没有观照自己内在的声音，没有评估风险，更没有勇气去看透好友也可能出卖我的事实。

同样的，这种在没有觉知下，被习性或业力牵着鼻

◎ 穿 ARMANI 的觉者 ◎

子走的荒谬事，现在回想起来以前真是做了太多，才会现在拼命承受果报。例如，长期以来我的饮食习惯也很不好，因为贪吃或心情不好，就拼命吃东西来转移压力，根本都没有觉知我的身体，尤其是肠胃消化系统是否可以承受这样暴饮暴食的虐待，结果整个消化系统都出了大问题，等痛到发现问题严重开始吃药，仍因为没有保持觉知，被习性拖着走，明知自己吃饱了不能再吃，遇到美食或朋友、家人相邀聚餐，还是继续吃，下场当然是要承受更多的苦，而且是愈无知愈没有智慧，就要承受愈多的苦，才会认清自己不是超人的事实。

长久以来，我的消化系统的毛病一直没好，尽管长期吃药，情况却愈来愈差，直到我觉醒，勇敢地看透实相，知道一切病都是我的习性和无明造成的，我彻底修改了大脑的程序，改变行为模式，时时观照自己是否又被习性拉着走，我的身体才稍微好转。

当时，我才深深领悟，原来，古人说的"药医不死

◎ 穿 ARMANI 的觉者 ◎

病"是这个道理，一个人有了病，如果病来势汹汹注定要死，那么任何药都不会有用。当我们生了病，吃了药，身体渐渐好转，事实上不是药救了我们，药只是个帮助，真正让我们痊愈的是我们的身体，是我们的命还不该绝，这个药才能帮助我们。

我认识很多医生都常说同样一句话，意思是说病要好，病人的配合度才是关键。如果病人不配合，吃了药胃好一点又大吃大喝，吃了药肝好了一点又去狂饮烈酒，肺好了一点又拼命抽烟，那么华佗再世也无法救你。

因此，当我觉醒后，我清楚地知道，世上没有药到病除的事情，药到命绝的倒是一大堆。因为，所有的病必然是你长期的无明、习性和业力，让你的观念和行为偏离了正常、自然的轨道，而慢慢累积起来的，病的源头在你的大脑，如果不修正大脑的不良程序，如何让你的身体恢复自然正常运作的状态？

◎ 穿 ARMANI 的觉者 ◎

就像一个国王逼人民每天工作十八小时不让他们吃饭、休息，不用多久，人民必然起来反叛。你因为无明，没有看透实相的智慧，因此而不理会身体的怒吼和抗争，继续迫害身体，当然身体会以死相逼，最终大家同归于尽。

我有个朋友，身体有点小病除了到处吃药，还到处求神问卜，烧了符纸的水喝了好几桶，仙丹也拼命吞，而且还长年吃素，但身体仍然是虚得像风中的垃圾袋，站都站不稳。

前一阵子，他看了我的书特地跑来问我，他是否得了什么业障病，还是有什么怪东西附身，否则病怎么都不会好？

原来，他以为我写了佛书，应该就有神通法力，可以驱魔伏邪，于是把我当神仙地求。我听了他的那番话，心想真应该狠狠地朝他脑袋打一拳，但又怕他身子虚承受不住，于是只好破口大骂：

◎ 穿 ARMANI 的觉者 ◎

"笨蛋,问题不在业障或妖魔鬼怪,而在你的脑袋!"

我叫他不要再迷那些信念系统的东西,如果真要拥有健康,立刻去抽血检查,看看缺少什么营养,该吃肉就去吃,该补充维他命就去吃维他命,不要一直吃药,药吃太多对肝与肾造成负担,反而是毒……

我苦口婆心说了半天,最后他眼眶含泪,很感动地对我说他都懂了,我心想他应该醒了,临走前他却又回头要求我帮他,我说怎么帮,他问我是否可以开一道符把他的脑袋程序升级,我听了苦笑一下,只能送他最后一句:"佛度有缘人。"

佛度有缘人这句话,其实是和药医不死病是相呼应的。如果一个人不想觉醒或是无法觉醒,那么,即使佛陀再世也度不了你,就像一个人生病如果没有觉知病源是什么,华佗再世也只能苦笑。事实上,如果你能觉醒,懂得观照,你会发现,佛陀也度不了所有人,华佗的药也无法让任何人一生无病无痛,因为,你的痛、你的苦、你的细胞和病毒,都是你自己的,只有你自己才能救自己。

所以说,你的一生会如何,不是由你决定,而是由你的"无明"决定,明明不喜欢一个人,却又糊里糊涂地和他谈恋爱、结婚;明明不是有钱人,却又像中邪似的去借钱或刷卡,学人家买名牌包或名车;明明知道在客户或朋友面前不该说什么话,但又控制不住嘴巴而乱说一通;明明知道血压高不能再生气,就是控制不住脾气让血压高到破表;明明知道对方不喜欢你,还是要自欺欺人地洒钱或软硬兼施逼人家爱你,如果人家还是不爱,就要去放火烧人家或同归于尽……

醒醒吧!各位有缘的读者,如果你真的觉得苦头吃够了,就试着去觉醒,勇敢地接受当下的一切,这个和我们大脑想象完全不一样的"实相"吧!因为,这才是真正离苦的开始,学着时时保持觉知,让它成为一种习

◎ 穿 ARMANI 的觉者 ◎

惯，知道自己在干什么，说什么，想什么，你就能改变自己的命运。

相对的，如果你仍觉得苦还吃得不够，你不相信自己只是在做梦，那么请你慢慢享受自己独家的苦，直到你得了忧郁症或其他精神疾病。

我说了这么多，只是告诉大家一些道理，如果你想通了，如果你可以从梦中醒来，不见得就等于你可以摆脱无明或习性业力而离苦了，你必须开始修行，谨记"善护念——时时保持觉知，观照自己"这个心法，每天努力不懈，每天进步一点点，火候到了自然可以离苦。

善护念吧！一念不觉，苦海无边。

◎ 穿ARMANI的觉者 ◎

佛陀也有内心的黑暗面

人是很容易被催眠或洗脑的，就像很多消费者对某些品牌有忠诚度，佛陀的形象经过两千多年来的宣传，也让大部分的人都认为佛陀是完美的神，没有烦恼、没有焦虑，也没有七情六欲和内心的阴暗面。事实上，佛陀也是人，即使他成佛了，他也是包含拥有着人的一切，只要我们存在，内心就有黑暗面，这是实相、是自然规律，佛陀也不例外。

在不停地观照自己的过程中，我看到了我们内心深处都有的意识和潜意识实相，慢慢体悟到我们的内在或自性，是如何地运作。

几天后，我无意间又看到佛陀在得道前，和一堆妖魔鬼怪对决的故事,虽然故事描绘得像哈利·波特一样的奇幻,但我知道这只是佛的说故事方式,或者是后人用这种奇幻式的手法,来形容佛陀如何超越内在的阴暗力量。只是,或许很多人仍坚信佛陀真的遇到过很多妖魔鬼怪的骚扰,而不懂那只是一个形容内心世界的手法。

佛陀的内心,也住了很多让人害怕的魔,像是恐惧、情欲、对"我"的执迷和对身体的执著,这些魔像恶梦般地出现在佛陀的脑子里,也常出现在我们的梦里,关于内心的黑暗面,我们和佛陀没有什么两样。

然而,佛陀在得道前面对的是人类内心最深层的恐惧和不安,那是人类最害怕碰触的禁区;只是,佛陀想要彻底觉悟,经过长时间的苦修,他也具备了这样的条件,所以他可以超越这些会阻碍自性醒来的魔。相对的,我们这些红尘里的凡夫俗子,即使觉醒了,即使修行了,也不要急着学佛陀去挑战"荣格"所谓的"集体

◎ 穿 ARMANI 的觉者 ◎

潜意识"最深层的禁区，因为，如果修行根基不够，一旦闯了禁区就会走火入魔。

因此，我的体悟是，要修行，必须先认清我们内在的阴暗面是如何运作及影响我们的意识的，先观照并学会如何和这些阴暗界的力量共处，就像我们手上拿了一堆炸药和利刃，我们应该学会如何去拿刀柄或不去误引炸药爆炸，慢慢修行，修改这些内在的阴暗程序，让它们为我们所用，进而超越它们，在现实生活中，才可以达到真正自在无碍的境界。

我们内心的阴暗界有太多阳光照不到的东西，像鬼魅般很难捉摸，却又真实地影响着我们。这些东西复杂多变，难以形容，最好是大家自己去静心观照，自己去发现那个和佛陀一样的黑暗面，否则，即使我说了一千零一夜，仍说不完。在这里，我提出比较浅显易懂的部分。从心理学的角度来解释，生而为人都会有的人格结构，也就是潜藏在内心深处、影响我们意识和现实生活

◎ 穿 ARMANI 的觉者 ◎

的最大的三个黑暗界股东：父母、成人及小孩。

如果大家能保持觉知，并观照自己的所作所为，有很大的部分都是内在的小孩所主导的结果。所谓内在的小孩，也可以说是弗洛伊德所说的"本我"，它是以满足本能需求为原则的原始能量，年纪轻的人根本感觉不到它的存在。

因此，很多违反现实利益或社会规范的冲动行为，在本我的驱使下会不假思索地展现出来，而且丝毫不会有罪恶感和悔意。因为，这个时候，本我在人格里的势力强大，它占据了发言权及决策权，它是独裁暴君，只要有快感，即使牺牲性命也在所不惜。

我们常可以在新闻里，看见本我这个黑暗面里的老大，是如何操弄人们去做出一些自己都觉知不到的错误行为，例如飙车族，不仅不顾他人的用路权益，甚至把路人都当仇人，见人就砍、就打，这种恶魔般的行径，就是本我这个黑暗能量太过强大，主导了人格的结果。

◎ 穿 ARMANI 的觉者 ◎

再例如，明明缺钱，但是为了享乐而去抢夺或偷东西，或者想尽办法诱骗女性，或用强暴手段来性侵害……都是本我过度强大的结果。

话说回来，其实不只年轻人，即使像我过了四十岁，有时仍会被本我牵着鼻子走，做出让自己后悔的事。例如，过去我的肠胃一直不好，那是因为我没有觉知到，我的本我总是利用我工作疲累或挫折、沮丧时，驱使我去大量吃我想吃的美食来减轻压力，暴饮暴食的结果，造成整个肠胃系统崩溃发炎，不但没有解除压力，反而带来更大的麻烦，让我压力更大。

当我懂得保持觉知和观照后，发现享用美食确实可以减轻压力，降低焦虑感，只是，一定要符合我的肠胃系统可以运作的量，不能吃过量。结果，解除压力的效果，比暴饮暴食来得好。

然而，本我是我们的生命本源，面对这个爱作怪的小孩，我们不应否定或责怪它，即使它为我们闯了很多

◎ 穿 ARMANI 的觉者 ◎

祸，也是我们生命及意识进化的过程，当本我的驱力涌现时，我们不应该去干涉或压制它，而应该去观照它，把问题从源头转化或修正掉，唯有如此才能和本我共处。

例如，当医生警告我不能再熬夜时，我即使再三警觉，有时候仍会被本我驱使去熬夜看书或看DVD，结果当然病况更差。后来我观照为何"本我"有时会出来捣乱，原因在于我平时大量强化了"自我"和"超我"的能量，过度压缩了"本我"的能量。所以，本我为了透气，有时会让我大吃大喝或熬夜来取得平衡，日后只要懂得也照顾到本我的需求，自然就可以好好和这个小孩相处，也不怕它闹脾气（事实上，真正的源头在于我们如何看这世界，如能看透万物本质，不患得患失，就不会有挫败和压力，自然不需要受本我制约，但这是大觉大悟的境界，红尘里的读者不妨先学如何和本我相处即可）。

◎ 穿ARMANI的觉者 ◎

为何人成熟了就可以制约本我，而不像年轻人那样冲动？答案是透过不断的痛苦教训和自我的觉知，我们的内在人格系统里，经过痛苦的教训，就会从本我的一部分能量，转化成自我这个"成人"，它可以考量到现实状况，不让小孩胡乱发脾气，以免让自己陷入困境。

佛法里的觉知和智慧的增长，都是从"自我"这个成人开始的。

自我的成熟度和强度，也不尽然随着年龄成长。我看过很多中年人或老人家，所言所行仍都依循本我的原则，眼里只有自己想要的，完全不顾别人的感受；相对的，许多出身贫苦的人年纪轻轻，就懂得自我管理，原因是他们提早接受了现实的痛苦教育，他们的自我也就提早出现。

这就是佛说的佛法在世间，烦恼即菩提的真义。智慧是从痛苦和烦恼中提炼出来的，那些逃避世间，不敢面对逆境和痛苦的人，自我就无法成长，智慧也永远是

◎ 穿 ARMANI 的觉者 ◎

种子的状态，无法发芽成长。

接下来，当自我发展到了一个阶段，当人们认知到本我会带给很多人痛苦的时候，就会感到不安、感到莫名恐惧，这时，人格系统中又会发展出"超我"这个"父母"。它以高道德为标准，以因果律为原则，以高压管制来回应本我的冲动，而超我和本我的平衡，就必须靠自我来协调和管理，如果本我太强，整个人会失控甚至自取灭亡；超我太强，整个人又只活在恐惧和不安当中。

因此，在这现实红尘里，和自己的阴暗面相处的最好策略，就是通过自我的觉知，让自我的能量变强，有智慧地管理本我和超我，在动态生活中保持一个平衡，否则，超我太强会有忧郁症，本我太强则会受社会排挤，是自取灭亡。

佛教里的一些信念系统，也是针对这些黑暗面而开的药方，毕竟，不是每个人都能体悟佛法的真义。因此，为了让人可以在红尘中不迷失自己，不被本我或超我操弄而带来业报，佛教系统就会针对本我太强的人，用超我里的"诸恶莫做，诸善奉行，善恶有报"来平衡本我；对于超我太强，每天生活在恐惧不安里的人，就会用三摩地或涅槃的极乐净土，来化解超我过度的不安。

总之，本我只想到自己，自我会想到别人，超我则想到整个社会和人类。然而，学佛修行不是一味地往超我前进，不停地放大超我的力量，过度地压制本我或自我，绝对不是这样。如果大家有了这种错误观念，那么结果是一堆学佛的人，将通通变成无血无泪的暴君和独裁者，人类在他们眼里都变成猪、牛、狗，不合道德规范则杀，违反整体利益和原则也要杀，到时候人人都变成机器人，人的个性和独特性将不复存在。

真正的修行，是让本我、自我、超我平衡运行，包容它们，一起向上提升，最后超越它们，变成地祇

◎ 穿 ARMANI 的觉者 ◎

（禅），变成非人（佛），但又活在这世间，不再受凡人的黑暗面，包括这三种"我"的制约及干扰，顺应自然，无为而活。

觉醒及修行，就是以超凡智慧看透这三种我，也都是因缘的产物，运用它们来帮助我们活在现实世界的同时，又能不执著或受制于它们，自然就可以自在无碍地活着，每一刻都是自在，没有过去、现在、未来。

上面所说的，是佛法运用在管理内心黑暗面的一小部分，但也是适合每个凡夫俗子的现实应用面，对佛法有兴趣的人，不妨先从这里下手。

修行必须从修心开始，修心必须从觉醒开始，想要觉醒，就必须先学会保持觉知，当你觉察当下是哪一个我在作用，进而去观照内在三个我如何运作，久而久之，它们三个就能为你所用，你就不再是它们的奴隶，从苦海中解脱的时刻，也就不远了。

◎ 穿 ARMANI 的觉者 ◎

把标签贴在河里的傻子

长久以来，我们都活在虚幻的认知里。从一出生就是如此，直到长大就学、就业、结婚生子，直到生命走到尽头盖棺论定，我们都还深信不疑，我们就是那个——我们一直以为是某某某，叫什么名字，身份证什么号码，有什么职业和地位的"人"。

活在这世上的人，除了需要吃饭、睡觉、呼吸外，还需要一堆我们看不见的虚幻认知，否则就会失去存在的意义，产生很大的不安，感觉自己变成了一粒尘埃，变成一只流浪狗，即使死了也没有人伤心哭泣。

这个认知也等于是一种"标签"。我们的存在需要一堆标签，让我们被自己和他人认知我们是什么人；同时，我们也一直在帮别人或某个团体、机构贴标签，好

◎ 穿 ARMANI 的觉者 ◎

让我们的左脑得到安心,可以快速辨认谁是谁,谁是好人,谁是危险的,谁是可以信赖的。

在这个由无数标签建构起来的世界里,一旦有人对自己的标签产生质疑,或缺少什么大家都有的标签,我们就会拼命去找新的标签,直到新的标签被找到,才能安心地扮演该有的角色,说我们该说的话,让整个社会认同,承认我们的存在。

过去的时代,一个标签可以使用很久,就像古代的人一结婚,就要当一辈子的老婆或老公。但在现在这信息爆炸、瞬息万变的新时代里,人们却一直陷于一种找不到新标签的恐慌和不安中;或许你现在是你,但过一阵子,你就可能变成人家的老婆,又过一阵子,你又变成离婚的女人,又过了一阵子,你又变成人家的第三者,变成情妇,变成偷情的女人,变成你自己都不认同的欧巴桑……

现代人每隔一段时间,就必须在茫茫人海中找寻自

◎ 穿 ARMANI 的觉者 ◎

己的标签，否则就处于缺乏认同的恐惧不安中，最后不是成忧郁症患者，就是退缩、封闭，成为社会边缘人，成为街上的流浪汉或乞丐。

这个看不见的标签，决定了你是否快乐、幸福或成功，也决定了你的心是否有个寄托，决定你是否人格正常。我们可以几天不吃饭、不睡觉，但我们不能一天没有这个标签，这个虚幻的认同。

因此，有人在事业上寻求别人的认同，有人透过穿名牌衣服，有人是用财富，有人用身上的刺青，有人则是不停地换男朋友或女朋友，来寻找对自我的认同；有人则是加入一个宗教或社会团体，成为他们中的一员，有了清晰稳固的标签，让他不再迷失，不再觉得孤单，或不被这个世界遗弃。

我们可以活着，都靠这个看不见的标签，这也是为什么校园里的青少年，很需要和同学结党成行，而最怕被排挤；这也是为什么很多年轻人需要加入黑社会或帮

◎ 穿 ARMANI 的觉者 ◎

派，因为，他们都是特别容易迷失自我、失去标签的群族。

如果你能保持觉知，你就能看见，这些标签、这些虚幻的认同，只能用来欺骗自己和他人，对我们的内在没有任何帮助。

如果你能观照自己，你会发现，你不等于你的名字，你的身份证或保险号码也不是你，包括你的户籍和照片，也不是真的你，你是不真实的，你就像在线游戏或网络游戏里，任何一个拥有游戏账号的使用者，但你不是真实存在的，你只存在在社会这个超大主机里的虚拟游戏里。

标签这个东西，只对外在的世界和游戏有帮助，对于内在的灵性和自性，不但没有帮助，反而还是精神疾病及焦虑不安的来源。

例如，每年到了举办选美活动时，就会听说冠军早已内定，因为某候选佳丽和某评审的关系很特别，或者

◎ 穿 ARMANI 的觉者 ◎

和主办单位有什么利益往来，甚至还听说为了争夺冠军，有几位佳丽不择手段地运用诡计来打击对手。

这么多美女用尽苦心，就是为了争夺那个冠军的标签，有了这个标签，她的身价就上涨，但是有一天标签到期了，她又会陷入寻求标签的恐慌。

此外，很多人也把标签建立在人际关系上，例如，和情人分手，似乎就失去了一切，不敢在朋友面前出现，不敢去公园、电影院，也不敢一个人过情人节或圣诞节。离婚的人也是，只要选择跳出婚姻关系，就会被贴上是一个不懂得经营婚姻的人，或是不幸福、不圆满的人。

我们的头脑是超级标签制造机，任何头脑可以想出来的，都可以成为一个标签系统来逼人就范。例如，考不上某某明星学校的就不算是好学生；没有进入某某大企业的，就不是优秀人才；没有多少年收入，或财富没有超过多少的，就是下等人；没有吃素、念经的，就是

◎ 穿ARMANI的觉者 ◎

神棍,就是假学佛;不爱读书的孩子,就等于不良少年……

当你没有觉知地陷入这种标签游戏之中,你就注定无法从烦恼中解脱。

我记得我在高中时,有一位同学被老师贴上小偷的标签,说他偷了班上某某同学的零用钱,结果,隔天这位被指为小偷的同学,在家里上吊自杀了。

这些标签虽然看不见,但杀伤力惊人。

过去我被倒账时,我就被贴着失败者的标签;过去,当女朋友要求一些我做不到的事,而且拿我和别人比较时,我也被贴着没出息的标签;工作了一整天回到家,累得无法动时,老婆也会为我贴上大男人的标签;客户要求不停地喝酒狂欢,最好一直玩到天亮,但我说肝已发炎不能喝时,我就被贴上没有把他当成自己人的标签……

我曾到某个地方旅行,一下火车整个火车站挤满了

◎ 穿 ARMANI 的觉者 ◎

乞丐，顿时间几十只手伸向我，当我听从当地朋友的劝告不给钱时，我又变成了没良心的坏人……

人们在这标签世界活得够久时，就懂得如何用标签来逼你就范。这就是这个虚幻世界的游戏规则，当你撕了几百张标签还是撕不完时，我们该如何在身上贴满标签的情况下，又能自在地活着呢？

禅宗讲求的自在、无住，都是从观照这些标签入手。首先，你要认清自己是谁，要看见自己内在的本性；接着，你就能看清身上到底有多少你自己贴上或别人为你贴上的标签，然后任何时刻都保持觉知地"做你自己"，就可以又安住在这个标签世界里，又不和这个标签世界对抗，过你的自在日子。

当我们觉醒，就能不让任何标签沾染我们的自性，即使别人贴得再多，我还是我，没有恐惧，没有焦虑，没有患得患失，没有罣碍，才是真的"无我"、"无住"，因为，没有我的执著，就不用去在意别人的看法，

◎ 穿 ARMANI 的觉者 ◎

万缘无住，任它来任它去，没有罣碍，所以拥有清净无染的金刚心。

所谓的金刚，可以看做比瓷砖、玻璃、不锈钢还坚硬的东西，大家都知道为何厨房、浴室里，都要用这些瓷砖、玻璃或不锈钢，因为不管任何脏污沾染上去，只要用对方法，都可以把上面的脏污洗刷掉，而不会损其本来面目。

保持觉知，学习观照，自然就能拥有这样的清净无染的金刚心。如此一来，尽管有再多的标签贴上来，顶多只能贴到我们外在的部分，而无法贴到我们的内在，那些头脑制造出来的妄觉、不安和焦虑，就不会再折磨我们了。

此外，当你观照到万物都是不停流转幻变的实相，你也会停止再去玩这个贴标签的游戏，因为，人是活的，万事万物都是活的，那些对死的标签执迷不悟的人，仍拼命对自己和这世界贴标签，就等于是不停地把标签贴在河流里的傻子。会做这种傻事的人，都是中了头脑的诡计，他们也不知道自己在干什么，表面上是人，骨子里却只是无明和妄觉的奴隶。

总之，保持觉知地活在标签的世界里，但又不属于它吧！毕竟，标签已是这个文明社会的游戏规则，当大家还在当傻子往你身上贴标签时，你也无须抵抗或解释，至少你看清了自己是一条河，而不是一个"商品"，有这样的觉知，就足以离苦自在了。

◎ 穿 ARMANI 的觉者 ◎

你的瘾是假的，焦虑才是真的

我们的大脑是妄魔产生器，当我们尝到了美好的东西，获得了快感，大脑就会制造一连串的妄想，驱使我们一再追求相同甚至更大的快感；当我们一直被这个驱力逼迫着去陷入更大的快感，我们就像吸毒上了瘾，这个驱力也会变成魔，完全控制了我们，要我们不惜生命地去按它的意志行动，来供应它永远填不满的需求。如果我们不听话或表现不好，就会受到它生不如死的虐待、惩罚。

我说的这个妄魔，每个人都受过它的折磨，佛陀也不例外。

例如，人们都渴求长生不老或青春永驻，这是个妄

◎ 穿 ARMANI 的觉者 ◎

想；然而，当我们的身体慢慢老去，无法满足妄魔的要求时，内在的焦虑和不安，就如排山倒海似的淹没我们的意识。悉达多第一次在皇宫外看见老人和死人时，就是这种焦虑恐惧，让他一瞬间就跌入妄魔的地狱里，生不如死。所以，悉达多想要找出能够从地狱逃出来的解脱办法。

爱情，是人世间让大脑最有快感及最容易上瘾的东西之一，我也曾热恋过，失恋过，我也尝过爱情来时，激化整个大脑释放脑内啡的强烈快感；相对的，当爱情逝去，我也被大脑缺少大量吗啡而产生的痛苦折磨过。然而，不管这种折磨多么痛苦，我们为了追求更大的快感，必然会再耗费更多精力及时间，花在爱情上面，然后再接受脑内妄魔更无情的折磨。

当我们没有觉知，就是一直在玩这个受大脑驱使的轮回游戏，虽苦但也无奈，因为我们没有能力跳脱出来。人活着，无非就是依大脑的快感原则在过日子，有

◎ 穿 ARMANI 的觉者 ◎

了甜蜜爱人是快感，赚了第一桶金是快感，事业有成就是快感，充分发挥自己的才能，如唱歌、运动、艺术创作……也是快感，有人深深迷恋喝酒时的快感，有人忘不了打麻将自摸的快感，有人喜欢陶醉在前呼后拥、众人拥戴的快感，有人爱上权力的快感，有人则在自虐中找到快感……

当人遵循大脑妄魔追求快感的原则而活时，只会想到自己的快感，不会想到别人的感受，他不会有觉知，同时也不知道自己在干什么。即使快感过后，随之而来的是痛苦折磨，但人们仍乐此不疲。只是，当这个雪球愈滚愈大，妄魔的要求超过人们的极限时，那些承受不了大脑妄魔严刑拷打的人，不是罹患精神疾病，就是自杀。

当文明愈进步，有酒瘾的人就愈多，沉迷在情色、赌博或吸毒成瘾的人也愈多。此外，只要能提供快感，每个人都会发展出自己的瘾头，有人是靠玩网络游戏，有人是透过购物或搜集精品来满足大脑的快感，有人则是选择在宗教或各种信仰中得到快感。

每天翻开报纸，就有一堆大脑妄魔的牺牲品占去了大半的版面，有青少年为了吸毒缺钱而去抢超市，有情侣谈判破裂而互相残杀，有人失恋而割腕或跳楼自杀，有官员贪污被逮捕，有商人行贿入狱，有企业家非法炒股因内线交易被起诉，有少女为了买名牌包而下海卖淫，还有抓不胜抓的诈骗集团花招百出地诈骗获利……

这世间真正可怕的魔，不是那些妖怪、吸血鬼或僵尸，而是藏在我们脑中，那个看不见、摸不到的妄魔。不管我们大脑里有什么瘾，重要的是我们要如何活下去？尤其当瘾头的雪球愈来愈大，痛苦愈来愈强时，我们要如何从妄魔的瘾牢中解脱，重新成为一个自在和自由的人？

佛法的智慧，就是教我们如何从大脑妄魔的苦牢里解脱出来，佛法的存在意义，不是教人去膜拜、烧香、

◎ 穿 ARMANI 的觉者 ◎

点灯、捐钱，而是要让人懂得如何消除脑中的妄魔程序，回到自然、自在的人生轨道。

如何从妄魔的瘾牢中解脱出来呢？

答案很简单，第一步就是觉醒，再来就是学会观照。

答案虽然很简单，但要学会这个功夫，仍需要靠长期修持及努力。

当觉醒后，我发现我脑袋里住了十几个妄魔，我需要钱，需要事业成就，需要别人的肯定，需要有个完美情人……这些违反自性及自然的妄想和妄求，是我几十年来身心痛苦的主因，我知道必须要把这些妄魔程序删除，但我也知道不能和它们硬碰硬，更不能压抑这些驱力，我知道要回到我本然的面目，最究竟的方法是从源头让这些妄魔自己萎缩枯死，否则压抑愈大反作用力就更大。

观照，像透视万物万法的 X 光，当妄魔来折磨我

◎ 穿 ARMANI 的觉者 ◎

时，我静心观照，当妄魔以其强大驱力逼我去赚更多的钱或追求更多的快感而被我拒绝时，我陷入了一种无以言喻的痛苦中，全身烦躁，胸口像被千斤重的石头压得透不过气来，头昏脑涨，心跳加快；接着身体发热，像有千万只蚂蚁在噬咬我，不只是咬身体皮肤，也咬五脏六腑，但我不理会大脑的这些招式，也不干涉它们对我的折磨，甚至可以说大脑下的手愈重，我愈要保持觉知，不受干扰。

最后，大脑使出了杀手锏，它让我陷入一种极端恐惧不安的深渊里，似乎警告我，如果我不理会它的命令，我将会失去所有的一切，甚至生命，从此被打入十八层地狱，永不得超生……

面对大脑这样的恐吓，我一开始也快崩溃，但我发现，大脑愈是恐吓、愈是凶狠逼迫，反而让我愈容易看见它的弱点和源头，我不为所动继续观照，清清楚楚地观照，去感受当下的恐惧和神经系统对我的折磨。

◎ 穿 ARMANI 的觉者 ◎

当大脑所有狠招都用尽以后，我看见，不，应该说是我全身的细胞体悟到，原来，这些妄魔的源头，就是自己内在的不安和恐惧，是因为我不懂得观照内心深处早就存在的不安，导致大脑为了掩盖这些不安，而发展出一连串的妄魔，要我去追求许多外物或快感，来消除这些不安。

找到了妄魔的源头，我终于悟了，所有我急着追求的种种快感都可以相对应到我内心的不安，我内心犹如阿玛斯（A. H. Almaas）所著《钻石途径》（*Diamond Heart Book*）里说的，布满了许多的坑洞，每一个坑洞可能是一个创伤，或一个逃避事实的不安，或是我最害怕面对的东西。

例如，从小贫穷的记忆所形成的坑洞，让我害怕没有钱；渴望他人关怀的坑洞，让我投射出一个完美情人的幻象；害怕面对现实压力及痛苦的坑洞，让我去找各种快感来麻醉自己。

然而，这些坑洞又是怎么来的呢？它们的源头又是什么？

我继续观照，这时妄魔已解体，身心的各种不舒服也已经消失，我全心全然，不逃避地去感受内心那些坑洞里的各种恐惧不安，继而又体悟到，所有不安及恐惧，都来自同一个源头，那就是："对自我意识的迷恋和执著。"

如果我们可以不那么执著"我"这东西，不要怕人家看不起，怕人家笑，怕比不过人家，顺应自性，依循自然规律地活着，那么，我们就能拥有自在、无罣碍，也没有恐惧，远离颠倒梦想。

说到这里，我要特别强调，我悟到的实相，不是叫我们否定或删除自我这个意识，而是不要在"我"背后的本体或自性上，强加很多妄见或人为的程序，应该让"本体初心"或自性这个"心"，像金刚钻一样一尘不染，不管风来、雨来、沙尘落下，心都不会黏附任何尘

◎ 穿 ARMANI 的觉者 ◎

埃,像镜子一样照应万象万物,来来去去不留痕迹,也不会有什么长驻程序占据,消耗了自性的存储器及能量。

当爱的甜美滋味来时,全然地感受这滋味,爱走了,心仍像原来一样洁净不染。来也美,去也好,人生来这一遭,就是要享受这些体验而不执著,因为,所有体验都是因缘聚合的现象,没有这些因缘,我们就没有这些体验,当因缘散灭时,我们执著也无济于事。

因此,不要对自我执著,是要大家看透因缘无常的实相,并非要大家否定你是个人,是个存在,或否定你的名字、身份、个性或你拥有的一切因缘。

许多读者曾来信,问"无我"这个境界要如何达成?

因为他们看见自己的妻子、孩子和父母,又会想到自己是谁,甚至有人问要如何忘了这些人是自己的亲人?

◎ 穿 ARMANI 的觉者 ◎

这些问题看得我胆战心惊,他们的"无我"根本是完全否定自我,甚至要扼杀了有关我的一切,这是不对的,这种错误观念如不修正,必然会走火入魔或出人命,因为无我不是用头脑去想出来的,而是需要自己去观照进而体悟的。

话说回来,妄魔被我消除后,过了几天,我察觉到妄魔又出现了一堆,原因是我内心的不安和坑洞,在我没有意识到的状态,又制造了一堆妄魔,同样的,希望我去找到一些麻醉药,来消除心中的不安。

当然,这些妄魔经过我的静心观照又被删除了,同时我也观照到,我内心的不安和坑洞,不是一两天形成的,要把这些不安和坑洞消除,也不是观照几天就可以达成的。

此外,我也观照到,当我们的某些瘾一直存在或戒不掉时,它必然是有意义的,它要告诉你一些秘密,一些真相,是你必须要知道的事。

◎ 穿 ARMANI 的觉者 ◎

因此我也不急，我内心的不安就像一棵长了几十年的大树，那些不安也是我的因缘和生命力源头，我不会莽撞地用斧头把它砍掉，我选择和这棵大树共存，在这个婆婆红尘中和它共修。只要我时时保持觉知，即使不安和妄魔出现，我也把它们当做是好朋友，彼此相处久了，没有对立，妄魔也折磨不了我。

如此在红尘中不停地去体验人生各种滋味，慢慢地将人情世事自然看透，妄魔和不安也会萎缩、消逝。

佛说烦恼即菩提，从觉醒的层面来看，我内心的这些不安和妄魔，也是助长我修行悟道的导师，对它们我们不该怀有恨意，而应该心存敬意。

总之，学习观照不安和妄魔，但不要干涉或压制它们，不要硬碰硬，而是要从源头去改掉妄觉（错误观念）、妄见、妄想，才能改变行为，进而改变命运。如你也想活得自在，最好学习透过观照看见实相，看清问题的本质不在外，而在你的内心深处，每天一点点地觉

◎ 穿 ARMANI 的觉者 ◎

醒，一点点地改变，这才是修行，而不是每天念多少经、烧多少香。

　　切记，这一念比上一念更清醒、更有智慧，就是修行，其他都是假的。同样的，你的瘾也都是假的，内在的焦虑才是真的。如果你看不清这个道理，就算把双手砍掉，爱赌的还是会用脚去赌。因此，不要去执著自己的瘾头，那只是内心坑洞的投射，瘾头背后的焦虑，才是我们要去处理的源头。

◎　穿 ARMANI 的觉者　◎

风尘女郎也是我们的老师

很多学佛的朋友一听说也有中下阶层的人在学佛,总是会露出不屑的表情,似乎只有像他们这种身家清白的人才能学佛。

但我看来,所谓的卑贱或见不得人的工作,也仅是一种谋生方式,也是整个社会的一个环节,真正卑贱或见不得光的,是没有觉知,被无明牵着鼻子走的人,而不是工作。

人各有因缘,有人出身贫寒,环境不好,没有机会受教育或得到该有的资源,加上无明的驱使,会让很多人选择去从事一些社会底层或见不得光的工作,这一连串的实相背后,有个人的因缘业力在作用着。

◎ 穿 ARMANI 的觉者 ◎

然而，那些家庭正常，从小有良好环境或丰沛资源的人，即使进入社会从事正当工作，成为高知识水平的中坚分子，拥有地位和声誉，在我眼里看来，这也都是他们的因缘福报让他们成为这样的人，本质上，他们也都还是人，也有无明和贪、瞋、痴或不良习气，灵性上的层次并没有比较高。

从佛法的角度来看，那些成功的，和困在社会底层挣扎过日子的人，只要没有觉醒，都是一样的；相对的，只要能觉醒，做什么工作，成为什么样的人，拥有什么身份都不会妨碍他的开悟。

我的很多出身显赫的朋友，经常以一种优越感来批判那些从事社会底层工作的人，例如，他们很看不起一些打零工的人，或者从事清洁工作者、推销员，或在风月场所工作的男男女女。然而，如果那些家世优越的朋友，从小家里也是贫得无立锥之地，每天为了三餐要到处打零工，甚至穷到要睡地下道或天桥底下，是否长大

◎ 穿 ARMANI 的觉者 ◎

后就会比较有出息？不会为了生活去当推销员、清洁工或到风月场所谋生？

在我眼里，只有那些不被环境、业力、习性等因缘牵着鼻子走的人，才算是值得尊敬的人。那些因为拥有福报就傲慢的人，说穿了也是受无明牵绊的下等人，就算他们衣冠楚楚，坐拥高位或有名有利，从新闻媒体中，我们也经常可以看到他们做的一堆荒唐事。

例如，高官滥用职权谋私利、贪污或受贿；企业家已身价亿万，仍为了钱而去做内线交易或贿赂官员；高级知识分子为了感情不顺而杀人，为了工作而伪造学历；富家子弟在夜店打架滋事；光鲜亮丽的艺人或明星也习惯性地吸毒……

从佛法的角度看，他们都和那些自甘堕落去从事犯罪或从事见不得人的工作的人，没有什么两样。

相对的，我也常听见很多出身贫寒的人，即使曾在社会底层做过卑微的工作，或曾当乞丐要饭，或曾加入

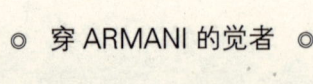

帮派从事不法勾当,但只要有一天他们觉醒了,不愿再受环境业力的牵绊,而走出自己的路,就是值得赞扬的觉醒者。

我就曾遇见一位全身脏兮兮睡在路旁、帮人洗车赚取生活费的年轻人,他工作时很认真,而且抱持着感恩的心来谢谢每位客户,当有人用不屑的态度要赏他小费时,他会很有骨气地拒绝,他说,他出卖的是劳力和心力,而不是尊严。

有一次我也去找他洗车,和他聊了起来,才知道他从小被外公养大,父母早已不知去向,前几年外公过世了,他没钱缴房租,才睡在路边靠洗车为生,但他不怨天尤人,因为,他看清这一切过去的事实,是没有人可以改变的,他说他有手、有脚,身心健全,将来想开一家洗车厂,如果生意好,还要开连锁店。

这位出身卑微的少年不懂佛法,却拥有佛法的智慧。

◎ 穿 ARMANI 的觉者 ◎

同样的，我被倒账时有黑社会派一位兄弟来向我讨债，他看到我的处境和乞丐差不多，也不忍心加害，后来我和他聊了起来，说他不像没有良知的恶人，他说他会进这行也是有诸多苦衷。

原来，他本来也是做正当生意的，但也是被倒账，老婆、孩子都没饭吃，他才来投靠哥哥帮忙收债，希望有一天可以东山再起。但收债这行做得愈久就愈离不开，因为他的哥哥是地方角头老大，本性凶残，他心想如能待在哥哥旁边看着不要让他伤害人，也是功德一件，因此他才没有转行，尽量人性化地处理一些事情，不要动不动就暴力伤人。

有一次我和客户去酒吧（夜总会）应酬时，遇到一位陪酒小姐，谈吐非凡，我好奇地问她为何来这里上班，她却说她知道自己在做什么，她说反正家里没米下锅、父亲又重病在医院这种事，说了别人也不会相信。

老实说，我也看过太多执迷不悟、自甘堕落的黑社

会分子或陪酒小姐,他们的无明牵绊着他们,日复一日地在纸醉金迷、打打杀杀中消耗掉生命,有些人甚至又染上毒瘾或赌瘾,根本无法自拔,更是无法觉察自己在干什么。

然而,在这个世人不屑的环境中,仍有不少保持觉知的人在体验他们的人生。只是世人都习惯性地为人贴标签,遇见富家子弟或学历高的人,就认为是好人,看见那些在社会底层或黑暗角落求生的人,就自动贴上社会垃圾或坏人的标签。

可是,我倒觉得,各行各业都有值得尊敬的人,甚至是教导我们看清这个幻象世界和人性本质的老师。这些老师无所不在,只要你拿掉心中的标签,懂得保持觉知,懂得去观照自己和世间万物,就可以处处学到你不懂的东西。

我高中时的学长,许多年前迷上了酒家与舞厅,几乎天天去报到,在那边结交了许多陪酒小姐和舞女,还搞出婚外情，闹得老婆和他离婚，把小孩带走，而他的工作也丢了，他却仍执迷不悟。

后来，他为了可以每天泡在酒家或舞厅里，竟然把母亲留给他的房子卖了，去包养一位舞女，结果有一天被舞女的男朋友恐吓勒索，所有的家产被搜刮得干干净净。

尽管走投无路，他仍迷恋上酒家或去跳舞，后来他结交一些道上朋友，一起做走私生意，赚点小钱，又继续泡在这些夜店里。

听来虽然荒唐，但大家不要急着去批判他，因为他对夜店有这么深的瘾，而且是超乎常人的瘾，代表他内在有其因缘，有个很大的坑洞。

因为，一般人去夜店，顶多去一阵子就觉得无聊，如果每天都要泡在那里，更会觉得闷而无趣。我的许多朋友偶尔心情不好会去夜店放松寻乐，也是偶尔为之，很少人会迷恋成这样子。

◎ 穿 ARMANI 的觉者 ◎

事实上,我这位学长要寻找的答案,就在他的瘾头里,只是他不懂得去观照和探索,才会让他的无明和妄想愈来愈强,让他一直被牵着鼻子走,致使毁掉一个家,也毁掉他的一切。

他就这样,赚了钱又去泡在夜店,把钱花在女人身上,他说他只有在夜店玩,才能有快感和存在感。当然,他也有想清醒的时候,每次他一想到自己的妻女,就难过地用酒精来麻醉自己,再跑去夜店沉醉其中,把所有痛苦都忘掉。

直到有一天,他在舞厅里发现来了一位年轻的舞女,他觉得很眼熟,后来他找她跳了几支舞,聊开之后,才发现这位舞女是他多年不见的女儿。

原来,他女儿在破碎家庭里得不到关爱,家中经济又陷入困顿,他前妻改嫁后,他女儿更觉得没有家的温暖而离家出走,为了求生在朋友介绍下来当舞女。

他知道这些事后,难过得在舞厅放声大哭,他知道

◎ 穿 ARMANI 的觉者 ◎

他没有资格管教女儿，而女儿的叛逆也让他不知如何是好。为了麻痹自己心中的痛，他又开始酗酒找女人，他跑去酒家，把身上所有的钱都给了一位陪酒小姐，要求她当他一个晚上的老婆，让他发泄心中的郁闷。

然而，这位酒家女知道了他的处境后，却断然拒绝他。她说不想趁他心里空虚时骗他的钱，因为她爸爸就是这样醉死在酒家的。但他却听不进去，急着想找快感来麻痹自己的痛楚，但她不愿配合，于是他出手打她要她乖乖顺从。她被打了以后，发狂似的大叫起来，把衣服脱得精光站在他面前，叫他仔细看她身上大大小小的伤痕，那是从小被爸爸打、长大后被男朋友及客人打而留下来的，她说她已经不怕被打了，大不了就是一条命，只不过，她在死之前，她要他看清楚她的肉体，只不过是个肉体，是个女人的肉体，并不是他的老婆的，也不是他想象的那么美或迷人的……她真的搞不懂，为何男人会一辈子迷恋这个和猪肉、牛肉没有两样的东西？

酒家女激动地骂了一个晚上后，他似乎找到答案了。他花了整整十年的时间，耗掉家产，毁掉家庭，为的就是这个答案。

赫曼·赫塞写的《流浪者之歌》里，悉达多也同样把高级妓女甘玛拉，当成他探索、体验肉欲这本经书的老师，让他在甘玛拉身上，体验到甜美情爱和肉欲的欢愉。

悉达多是个认真且聪明的修行者，但他领悟到，过去他仅透过静心、思维和修行来读幻象世界这本经典的主要内容，而忽略了这本经典中凡俗的、被他轻蔑的字母和标点符号，这些字母和标点符号，就是很多修行者不屑或不愿探触的情爱和肉欲。

然而，悉达多体验到了，学习到了，他再也不眷恋这个课题，他完全了解了情欲是怎么回事，也尝到了情欲带来的妄觉和痛苦。当他再回到河边成为摆渡者，他

◎ 穿 ARMANI 的觉者 ◎

终于从这些刻骨铭心的体验中，得到真正的觉悟，得到内心永恒的平静。

这个幻象世界和我们内在的自性一样，都是一本经典，亲身去体验，就是读懂这本经书的最好方式。只要你不被自己的分别心牵着鼻子走，只要你懂得觉知，任何人都可以是我们的老师，包括风尘女郎和任何你看不起的人在内，即使他们只是这本经典中不起眼的字母或标点符号，也是人生难得的因缘。

◎ 穿 ARMANI 的觉者 ◎

觉醒需要比自杀更大的勇气

人们都需要谎言，人们都害怕看见实相，那个对他们来说，是残酷又没人性的实相。所以，人们需要麻醉剂或止痛剂，来掩盖实相带来的痛苦和烦恼。

这个世界从本质上来说，就是大家集体创造出来的幻象世界，用谎言来建构幻觉，用幻觉来逃避实相。

如果你能静心观照，你会发现，对人来说，死并不是最恐怖的。

当一个人发现爱人原来不爱他，当一个明星发现观众已经对他没有兴趣，当一个老人发现原来他已经不再年轻……这个时刻，人们的恐惧比死还难过，甚至有人宁愿选择自杀，也不愿意面对这个事实活下去。

◎ 穿ARMANI的觉者 ◎

从古至今，有人可以为了名节而死，有人可以为了理念而死，有人可以为了孩子或亲人而死，有人也可以为了一连串的不快乐事件而死，更有人可以为了金钱而死……

由此可知，名节、理念、亲情、快乐、金钱等等，这些东西都比生命还重要，死，并不是人世间最可怕的东西，比死还可怕的，是从幻觉中惊醒而看见实相。

大部分人来这个世间走一遭，最重要的是体验和享受人生的美好，这些美好包括物质、感情及精神层面，当人们得不到这些美好的东西，自然就会失去活下去的动力，这是人性及生命中不变的定律。

但是，当一个人敲敲你的头，告诉你，你所渴望或沉醉其中的种种美好都是假的，都只是梦幻泡影，当你突然间从梦中醒来，这时，你的恐惧将比死还强几百倍，因为，死只是你的肉身不见了，而醒则是一无所有，包括你的快乐，你的爱，你的财富、名气、豪宅，

◎ 穿 ARMANI 的觉者 ◎

包括你的妻女或丈夫、情人在内,连你自己和这整个世界都不见了。

因此,很多人历经人世间的种种折磨后,在似醒非醒、半梦半觉之间,一旦突然快醒了,潜意识又会被实相吓得回到自己梦里,不停地告诉自己这一切都是真的,绝不是假的,即使幻觉让你再苦、再痛,这个梦也要做下去,否则根本连活下去的勇气都没有。

我有个朋友,过去是某县议长的秘书,他说后来议长没有选上退出政坛后,每天半夜都打电话给他,叫他找一票人去前议长家里打麻将或开派对,但人情的现实,反映在失去议长宝座的一个老人身上,我的朋友找不到人来陪退休的议长度过漫漫长夜。他很感叹地跟我说,一个人下台时如果不能面对现实,调适好自己的心态,那么,最好不要上台,因为前议长那种苦他能体会,那种生不如死的苦,比下十八层地狱还难过。

事实上,那位退休议长这时如能勇敢面对那些残酷

◎ 穿 ARMANI 的觉者 ◎

的事实，勇敢面对那些苦痛和恐惧，反而是个彻底觉醒的好机会。然而，很多人有机会醒来时，宁可选择在幻觉创造出来的地狱里受苦，他们的下场不是郁郁寡欢终其一生，就是得了忧郁症或其他精神疾病。

许多读者来信问我，觉醒需要具备什么条件？

我回答，什么都不要，不用智商很高或学历很好，只要拥有一种敢往万丈深渊跳下去的勇气，就可以了。

事实上，我所谓的觉醒，并非要大家一下子就把自己跟世间万象都丢掉，而是保持觉知，知道自己在做梦；接着，你可以选择一直醒来，或是再回到梦中，但是仍要保持觉知，不要以妄为常，以假为真。

觉醒是可以渐进式的，从幼儿园到小学往上走，从梦中到全然醒来，要调适多久因人而异。总之，只要先保持觉知，静下心来观照你梦中发生的一切，不要干涉也不要批判，就这样，静静地看着自己在梦中如何生活，如何地快乐、痛苦、失望和恐惧，等到你在虚幻的梦中世界玩够了，想醒了，自然就会全然醒来。

这时候，觉醒的恐惧就更少了，对梦中幻象世界的眷恋也淡了，自然就可以在往灵性的路上去修另一阶段的功课。

这就是我为什么一再强调，真正的觉醒和修行，必须先去体验人世间的一切，只有亲身体验，再体验，才能超越它，让自己心甘情愿地从梦中醒来，而不是什么都没体验过就急着丢掉这个人生大梦。

当你低估了这个梦的力量，还没做好准备就想从梦里跳出来，你的识，你的灵，你的能量的根，都还深埋在这个幻象世界的地底深处，你就急着要跳出这个娑婆世界，你的根必然断成好几截，你的灵性有了残缺，再修下去不是和我一样走火入魔，就是和我朋友一样整个人疯掉。

依我的体悟，所有教人立即觉醒或当下开悟的东西是很危险的，那就像一个人只有小感冒，却被逼吞下治疗癌症那种毒性强烈的重药，不死也丢掉了半条命。

然而，不管你体验了多少，悟到了多少，当你选择觉醒的那一刹那，还是很恐怖的，还需要很大的勇气，需要一种比死、比自杀还要更大的勇气。

大家想想，这世间有很多人宁可自杀，也不愿活着继续体验世间万象，由此可知，从梦中醒来的现实，比死还恐怖几百、几千倍。

因为，当你要跳脱出这个幻象世界，当你要把自己从梦里连根拔起时，你的头脑会制造更多更恐怖的幻象来吓你。当初佛陀要觉悟时，据说出现一堆极恐怖的妖魔鬼怪来阻止他醒来，或万箭穿心，或女色诱惑，这些都是大脑的诡计，因为大脑知道它快控制不了你了，它快失去你了，所以会使出全力做最后的挣扎，只要我们和佛陀一样过了这关，大脑的妄觉系统，再也无法恐吓、操弄我们了。

不过，我倒不赞成我们一般人要像佛陀这样直接挑

◎ 穿 ARMANI 的觉者 ◎

战大脑的妄魔，一次把妄魔删除掉，这对一般人来说，危险性极大。佛陀之所以能如此做，是因为为了删除妄魔，之前他已经花了很多时间做准备，他全然断掉了和红尘间的种种牵连，包括亲情、爱情、自我、快感、寄托和对红尘的所有眷恋，他花了很长的时间苦修，把自己的根完全和红尘的泥土分开，只等最后用力地把根从幻象的土里拔出来，从苦海里脱离，不再受轮回之力驱使，进入涅槃。

但我们不是佛陀，虽然我们也可以选择像佛陀一样，斩断所有红尘的因缘去苦修，如有人这样选择，我也不反对，毕竟人各有因缘。但对一般人来说，我倒希望大家用比较人性化、比较自然的渐进模式，让我们深埋在红尘的根，慢慢萎缩掉，根也不用拔了，只要我们保持觉知，慢慢不供应养分给大脑的妄魔，等到因缘成熟，我们的灵性自然可以脱离这个根，脱离这个娑婆红尘。

◎ 穿 ARMANI 的觉者 ◎

毕竟，佛陀还只是凡人悉达多时，在皇宫里享受太多美好事物，要美食就有吃不完的美食，要美女就有一整队的美女，那些人世间最美好、最令人有快感的东西，他都厌腻了，他再也感受不到可以驱使他活下去的美好事物。

像一个人吸太多毒，一般的麻醉剂对他没用，悉达多对这娑婆红尘开始觉得无聊烦闷，所以他要找一个从这红尘解脱的道，他要找那个超越红尘，比红尘所有美好事物、所有快感都还快乐、自在的世界，那就是他找到的涅槃。

可是，对我们这些穷人、凡人来说，娑婆红尘间的各种滋味都没体验够，是没有动力往解脱之路走的，我们的修持法门，应该和佛陀相反，佛陀寻求解脱，我们这些凡人应该寻求体验，为了体验，我们可以追求财富、名气、成就、美女帅哥、爱情婚姻，但要保持觉知，只有当我们的灵魂感觉体验够了，心甘情愿超越红

◎ 穿 ARMANI 的觉者 ◎

尘，不再玩这个游戏了，我们才算是可以自然地从红尘里解脱出来，不会让识根有损伤或产生副作用。

因此，想学佛的人，一定要看清我们和佛陀不一样的地方，如你是穷人，可能一辈子体验过的美食、财富或帅哥美女，都还不及悉达多的千万分之一，因缘各有不同，为何一定要逼自己去走悉达多的路呢？

我记得我年纪很轻就要结婚时，有几位已经离婚的长辈，跟我说了一堆婚姻是吃人不吐骨头的妖怪，让人全身枷锁镣铐地关在黑牢里，等你没有利用价值了，一次把你的尊严、存款、房子和感情全部吞掉，让你一无所有，因此劝我要三思而行。

那时候我才二十出头的年纪，体验不够，哪里懂这个道理。后来，结婚十几年，回想那些长辈的忠告，顿时深有感悟，他们的话是肺腑之言，但当初如不是我自己跳进来体验，如何能有同感呢？

只要你懂这个道理，就可以把传统佛教给你的学佛

压力,彻底解除掉,然后自在地做自己,走自己的开悟之路。

然而,开悟的过程需要不停地观照和修行,而修行的基础是觉醒,如果你玩够了娑婆红尘的游戏,当觉醒的因缘来临时,就勇敢地往万丈深渊跳吧!

你会发现,深渊的底下不是深渊,而是没有烦恼的世界。

◎ 穿 ARMANI 的觉者 ◎

观照，是让你看透幻象的X光

前面提到，觉醒前会有强大的恐惧产生，那么，要如何超越这个恐惧？

答案就是"观照"。

透过观照，你可以看透万事万物的表象，看见它们的本质都是因缘聚合的，都是假的，恐惧也是如此，尤其是头脑制造出来的妄魔，更是虚幻不实的东西；这时，运用观照这个像X光的心法，就可以让任何妖魔鬼怪都现出原形，而它们的原形就是"空"。

观照不仅让人超越恐惧和烦恼，也让人产生智慧，拥有不可思议的力量，这种力量比核弹还大，让人脱胎换骨，改变命运。

◎ 穿ARMANI的觉者 ◎

几乎所有的人，每次在乐透彩累积到惊人的奖金时，都会去买几张来试手气。每个人都渴望自己可以中个几亿元或几千万，从此人生可以无忧无虑，天天开心。

然而，中了庞大彩金就能拥有人生幸福这个简单逻辑，只是个妄想，但这个妄想，如果人们不自己去体验一次，就永远看不清妄想的本质只是头脑自己制造出来的梦，这个梦不切实际，也忽略了现实生活里的变量。

从新闻报道中，我们可以发现许多中大奖的人，结局并非大家所想的那么幸福快乐。对没有觉知的人来说，中大奖等于是送给他一张到地狱旅游的火车票，而不是上天堂的祝福，因为，他不仅把中奖就等于幸福这个妄想当成真的，也把失去彩金或花了彩金没得到预期快乐的苦当真了。

当一个人没有觉醒，不懂得观照，就会把痛苦和烦恼当不可违逆的暴君，因为，他活在妄觉里，没有自主

◎ 穿 ARMANI 的觉者 ◎

权，不知道自己是谁，也不知道为何有时莫名快乐，有时又莫名地痛苦起来。

不懂观照的人，也不知道活着要干什么，无法活在不如意和失落中，更无法全然地接受当下发生的一切，因为，害怕的事太多，因为，要罣碍、要考虑的事也太多，所以一点都不自由，也不快乐。

不少读者来信问如何消除烦恼，有很大的比例都是在问如何摆脱"寂寞"和"不安"。

事实上，你想知道的所有答案，都在你自己内心深处，只是你不懂得运用观照，去看透许多假象，聆听内在的声音。

同样是人，现代人特别怕寂寞，然而，古代类似楚留香的侠客或旅人，一个人自在逍遥走遍千山万水的现象，是很常见的。

然而，到了科技发达的现代，如果我们把一个人丢到孤岛或隔绝起来，不用超过三天，如果他没有对象可

◎ 穿 ARMANI 的觉者 ◎

以说话，一定会疯掉。

现代人都缺少静心观照的能力，所以习惯性地要沉溺在工作、酒精或各种玩乐快感中，才能让他们忘了不敢面对的烦恼和痛苦。就算不是一个人在孤岛，而是在这到处人挤人的城市里，现代人的寂寞感却比以前更强烈，更让人觉得恐怖。

曾有读者说他每天都会开着手机睡觉，只要超过一天都没有人打电话给他，他就开始陷入一种孤寂不安的恐慌中，感觉像是被整个世界遗弃，被所有朋友遗弃。

这个读者看来年纪不大就有这种现象，我相信即使他每天都有朋友陪伴，只要他不勇敢去面对内心的坑洞或伤口，他会在人群中感到更寂寞、更孤单。

现代人无法独处的现象，似乎愈来愈严重。

我曾带小朋友去快餐店用餐，就看到好几桌的年轻人一直打手机找人聊天，或者发短信，连隔壁的客人长什么样子，他们完全不会去注意。

◎ 穿 ARMANI 的觉者 ◎

还有许多年轻人，买了可乐、汉堡不吃，却拼命望着门口，那种感觉看似在等朋友，又不像在等朋友，直觉他们坐立难安，内心似乎有莫名的焦虑和不安，我想那种不安的根源，应该是来自孤寂感吧！

从那一天的观察，我才发现，为什么现代人都离不开那些快餐店或咖啡馆，为什么那些快餐店和咖啡馆的生意一直那么好，原来，他们不只贩卖好吃的汉堡或咖啡，还贩卖一种存在感，一种让人可以在这个指标空间出现，好让朋友发现他们或可以和什么人邂逅，即使坐了一整天没有什么收获，至少生活中还有这个空间，可以让他们拥有期待和希望，一有空就准时来这里报到，以消除心中的不安和寂寞。

本来，我以为这种孤寂感只有常去快餐店的年轻人才有，但后来我仔细观察，这种孤寂感，似乎是这座城市的流行病毒，不分年龄、职业、性别和学历，存在于每个阶层的人们内心。

◎ 穿 ARMANI 的觉者 ◎

我曾从新闻中看到，一些成年人常上网络聊天室去聊天，其中不乏教授、老师、警察、命理师、医生和牧师……他们也常上各种聊天室想认识来自四面八方的年轻少女或少男。

事实上，他们愈用各种方法去逃避无聊或孤寂，结果将让大脑里的妄魔更有养分，驱力也会变得愈强。当雪球愈滚愈大，内心的孤寂不安，有一天会完全吞噬掉他们的意识。

于是，有很多人选择最快又最方便的方式来麻痹孤寂和不安，那就是喝酒，而且是每天大量地喝。

我以前有些客户，每到晚餐时间就会约一堆朋友喝酒，然后经常一直喝到天亮，再睡到下午去上班。他们说，晚上喝酒是他们一天中最快乐的时光，如果有一天不喝，心中就涌起不舒服的感觉，整个晚上都怪怪的。

当然，也有人选择吸毒。会做出这类决定的人，都是无法观照自己内心的不安和孤寂是从何而来的，当他

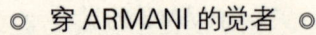
穿 ARMANI 的觉者

们没有保持觉知去做这些事，他们的瘾就会逼他们去做更不理智的决定。

人天生就会有孤寂不安，这也是人们必须群居合作的动力，但现代人的不安则是头脑制造出来的妄想，已经超过了群居合作的范围，朝向自我毁灭的方向前进。

其实，我们的孤寂不安里，藏着许多秘密和智慧，当我们往内探索和观照，就能找到让我们身心安顿，安住在当下的答案。

如何学习安住在当下，是新时代里任何人都不能逃避的课题。

如你能觉醒，即使你很孤单、寂寞，很害怕没有人爱，很想逃避令人难过的烦恼，你都可以透过观照忍受下来，不受这些妄觉驱使。

虽然，会有一段痛苦和难熬的日子，但只要熬过这一段时间，你不去回应这些妄觉，妄觉自然就会枯萎消失，你就会更清醒。这时，你会发现，过去那些让你痛苦、让你执迷的，原来都只是一场梦，你根本不需要去哪里或一定要去追求什么，你可以随着因缘和这个红尘互动，而没有任何窒碍和执著。

过去，你看见某人会心动，现在你再看见他，会发现心里没有任何波动和患得患失，只有平静与自在，以及随缘的自然。总之，和某人有缘也好，无缘也好，都是一种因缘，你再也不会因为寂寞而去爱人或渴望被爱，也不会为了消除不安而成为各种上瘾症的患者。

静心观照吧！要消除心中的孤寂不安，只有从源头去下手，而不是扬汤止沸。而观照，就是能让你看见不安的源头的 X 光，好好运用它，来让自己从不安与恐惧中解脱吧！

◎ 穿 ARMANI 的觉者 ◎

第三篇

遇见穿ARMANI的
"娑婆觉者"

如何游泳身上才不会湿？

有读者问，我们既然身处娑婆红尘，怎么可能活在这红尘里，却又不会沾染尘埃，不会有烦恼不安呢？

这等于是问我，如果不离开红尘，怎么可能修行开悟呢？

在这里，我要反问大家，为何我们小时候爱得要命的玩具或洋娃娃，长大后就完全没兴趣了呢？或者，为何很多好玩的计算机游戏或网络游戏，玩久了也不想玩呢？

那是因为我们的心智一直在成长，我们的经验一直在累积，刚开始没接触过、令我们好奇的东西，我们会沉溺在里面，但时间久了，有体验了，有所悟了，就把

◎ 穿 ARMANI 的觉者 ◎

这个游戏或玩具看透了,自然就不会再眷恋这些东西,不再眷恋就是超越,而不是逼自己放下或压抑。

同样的道理,我们的人生就是一场游戏,这个娑婆红尘就是个游乐场,或是游戏平台,只要能保持觉知,在不停地玩游戏的过程中,看清游戏的本质和真面目,有人会选择不再玩,彻底解脱;有人则选择继续陪别人玩,但又不会把游戏当真,这种境界,就是包含着游戏又超越游戏的层次。

例如,弘一大师李叔同,一生多才多艺,也体验过多采多姿的游戏,在他三十九岁时他觉得玩够了,便很潇洒地把自己的珍贵收藏和家产都分送他人,不再眷恋红尘中的任何东西,自己云游四海出家去了。这才是真正的超脱,而不是光嘴巴说说而已。

然而,世间有情众生,太多人临死前仍看不开,太深的无明、习气和执著,像是把自己灵魂的根插入这红尘深处,所谓的根深蒂固,无法自拔,就是这个道理。

◎ 穿 ARMANI 的觉者 ◎

例如，秦始皇一直想追求长生不老。历代许多皇帝的陵墓里也埋着一大堆陪葬品或陪葬的下人，古代的贵族还有用玉片缝成一件金缕玉衣让尸身穿上，以达让尸身不坏的目的。各种层出不穷的手法，就是人们不想死或不甘愿离开这个游乐场的无谓挣扎。

这些执著假我和游乐场的人，基本上可以分为两种，一种是内在的自性，没有随着时间的流逝而跟着成长。因此，这种人没有足够的智慧，来看透人生是戏的本质，怕死、怕老、怕孤单、怕无聊、怕没有钱，凡事都只想到自己。

另一种人是玩得够多，够有意思了，也有所悟，有足够的智慧，可以看透人间游戏的本质，但仍没有足够的勇气来接受这个实相，而不去修行，把自己插在红尘里的根拔出来，宁可蒙起眼继续陶醉在这个游戏里，直到大限来临，也只能在恐惧和不甘中离开人间。

事实上，只要保持觉知，知道自己在玩什么、想什么、做什么，然后透过修行，让自己的根不再从红尘的泥土中得到任何养分，时候到了，要脱离这个游乐场，也不是什么难事。

不过，很多学佛的朋友都认为，在娑婆红尘中，每天要应付现实问题，要在人情世故里求生，很难不会迷失在名利、情欲中，很难不把这些游戏当真，而我所说的既包含又超越红尘地活着，就等于要人家跳下水，身体又不会湿一样，互相矛盾，根本就是不可能的事。

然而，佛法本来就是超越逻辑的，佛法就是教人家如何跳下水去游泳，身体却又不会湿的智慧系统。

我们到人间走一遭，本来就是来玩一场游戏，既然是游戏，必然有输有赢，不可能随心所欲，心想事成；如果你把这些游戏当真，输了就痛苦，赢了就高兴，但高兴之余又怕下次会输，自然而然，这些你太在意或执著的苦、乐、烦恼就会变成水，你自然就泡得全身湿透。

◎ 穿 ARMANI 的觉者 ◎

相对的，不管游戏在无常的轮盘上开出什么结果，你输得精光也好，险中求胜也好，都不会成为你的苦和烦恼，水自然就不存在，你是假的，水也是假的，一切都只是游乐场里的游戏，谁会湿呢？

或许有人听我这样说，就开始玩世不恭或自暴自弃，或不把这场游戏当一回事，这又太极端了，不合乎佛陀说的中道，这也是一种无明。

有一天，我看新闻报道，说一位比丘尼被诈骗集团骗说要退税，结果到银行把所有的钱都汇给诈骗集团，等她发现被骗后也相当苦恼。

这位比丘尼为何会被骗？或许她以为出家，不问红尘世事，就不用去管俗世的事，就不会被骗，结果当大家都知道诈骗集团的手法时，她却被骗得精光。

如果修行是不问世事，不食人间烟火，那只是逃避，不是有觉知的修行。

真正的修行，是完全地活在红尘中，一般人要吃

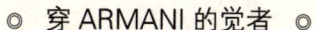
◎ 穿 ARMANI 的觉者 ◎

饭，修行的人也要吃饭；白米或汽油涨价，修行的人也要知道；选举到了，政局情势如何也要知道；一般人有的压力和烦恼，修行人也要有，但却比一般人懂得处理压力和烦恼，懂得超脱，这才是真正的大修行者。

很可悲的，我认识的许多学佛的朋友，总是想不通如何在这红尘水池里游泳，身子又不会湿这个道理，浪费了许多心力在这个悖论上。当他们实在想不通，索性就选择远离红尘去逃避，去念经修行，不问世事。

佛法强调的是体悟，如果你从不跳入这个红尘，就无法在将来觉悟时，全然地跳出这个水池，即使在这水池的角落拼命念经、拜佛，身上也必然是湿的。

因此，学佛不要用太多头脑的逻辑和思维，面对红尘这池污水，就勇敢跳下去吧！当你跳下去，自然就会找到答案了。

◎ 穿 ARMANI 的觉者 ◎

你也可以成为"娑婆觉者"

佛法里的自性自度和人人皆有佛性,这两点是最让我欣赏,而且也是让我觉得最适合新时代人们修行、让灵性进化最佳的两个基础。

如果我们能以"人"为出发点,从宏观的角度来看,真正的佛法,不应该只是教人如何否定自己、否定情欲和红尘,只追求修行最终阶段的解脱,进入涅槃,而是应该顺应着每个时代的不同,而让众生有智慧和能力,去适应当下的环境和挑战,学习如何做好自己的人生功课。

真正的佛法不是逃避或自欺,而是全然地进入现实红尘,先从现实的问题中解脱出来,超越这些问题,不停地做功课，不停地超越，直到最后一堂课也过关了，再来谈如何进入"无余涅槃"。

这种以现实红尘为道场的修行模式，和传统佛教的出家修行是完全相反的，因为，唯有进入现实红尘，有了足够的体验，才能自性自度；唯有全然发挥每个人的独特性，让每个人都成为独一无二的佛，人人皆有佛性，才能成为真实不虚的真理。

因此，在传统佛教的出家和以信仰为主的烧香、拜佛外，我想提出第三种学佛修行的模式，那就是全然沉浸在现实红尘的"娑婆觉者"模式。

什么是"娑婆觉者"呢？

"娑婆觉者"这个角色没有设定门槛，也没有什么标准来衡量或检测，因为，娑婆觉者的"觉醒"是个人的，只能印心不能验证，不像计算机工程师或会计师可以有证照来加以证明；因为，"娑婆觉者"觉醒后的体悟和修行也是个人的，无法拿出来复制或传递给任何

◎ 穿 ARMANI 的觉者 ◎

人，一切只有自己知道，他人也只有用心才能感应得到。

因为，任何个人内在的心法，只要一有外在形式的认证，最后结果必然是落入自欺欺人的恶性循环里。

我所谓的"娑婆觉者"，只能从一个人的内在，去观照是否有符合前面所说的，以现实红尘为道场的觉知，以此和一般人的寻求信仰或寄托，采取逃避心态却有贪恋、执著一切的"娑婆迷者"做区隔。

然而，我觉得"娑婆觉者"在对生命和人生的观点和态度，也有下列几个特色。

一、生命是珍贵、难得的因缘聚合，不贪生，但强调养生、护身。同样的，人生中的所有因缘，也是难得的，例如，亲情、爱情、财富、名气、事业、友情、美食、才艺……只要不强求、不执著，且能保持觉知，都可以去拥有或享受，因为，这些体验也是生命的功课。

二、人生是一场游戏，目的是要体验各种滋味，并

◎ 穿 ARMANI 的觉者 ◎

且在游戏中学习到各种不同层面的功课,游戏只是个界面,不是我们来此生的目的,无须执著或太在意;相对的,体验到什么,学习到什么,才是重点。

三、人生虽然是一场游戏,但不要因为是游戏就自我放弃,或以玩乐的不负责任心态,违反该遵守的游戏规则(因果律、自然律),来虚耗自己的生命,或伤害他人的游戏和学习权利。

四、全然地活在当下,全然地接受当下发生的一切,只求在这娑婆红尘里扮演好一个觉醒者,同时也是修行者的角色,不急着追求在未体验足够的情形下,就跳脱这个娑婆红尘,想成为神佛天仙。

五、深知"觉醒"才是救人的最佳药方,因为,人终究只能自救。因此,在肉身未分解前,应发愿尽力去帮助他人觉醒。

事实上,"娑婆觉者"应该还有什么特点,每个人的体悟和需求都不同,大家可以自己去增加和汇整,这

不是证照考试，没有标准答案。

此外，"婆婆觉者"只是个代名词，古今中外早就有很多这样的觉者，而且是不分宗教、年龄、性别、职业、学历和区域的。我相信，目前在这地球上，有很多这样的自我觉醒者，隐藏在各行各业或生活的每个角落里，如有机会，希望可以集结众觉者的力量，共同发愿来帮更多人觉醒，那么，我们这个地球，这个时代的众生，都可以一起在灵性上进化，升级为更有智慧的生命圈。

如果你看得懂我的书在写什么，也知道"婆婆觉者"的含义，不管你已经是婆婆觉者，或怀疑自己可能是婆婆觉者，或有心想成为婆婆觉者，都可以写信给我，彼此交流各自觉醒的心得，同时也可以协助想觉醒的人，避免用错方法，走火入魔。

总之，这个世界是由人和众生组成的，而人和众生是由意识和灵性主导的，如果大家觉得这个世界是苦

◎ 穿 ARMANI 的觉者 ◎

海，与其求佛让我们逃往西方净土，不管他人死活，不如让这世界有更多的"娑婆觉者"，让大家的灵性都可以升级，让大家的意识来创造一个新世界，谁都不用逃离，因为，这世界是净土或地狱，都由大家的意念决定。

◎ 穿 ARMANI 的觉者 ◎

我们全身的细胞都是经文

有一天,我的一个朋友和我聊到佛经,他说很多佛经他都看不懂,有点焦虑。我对他说,把那些用文字写成的佛经忘了吧!真正的经文,是写在你全身细胞、神经系统和大脑的每个角落里,你整个人都是独一无二的佛经,你不用怕看不懂,只要你愿意去观照,我们的存在就能教我们很多东西。

莎士比亚说,时间对每个人来说,都有不同的面貌;同样的,文字对不同的人来说,也有不同的表情和内涵。

身为"娑婆觉者",必然要有一定的觉知,看透文字的本质,看透文字只是人类借由符号来传达一些思想

◎ 穿ARMANI的觉者 ◎

或观念、意义的工具,而每个人的认知和解释系统不尽相同,就如我曾说,一瓶矿泉水对你来说是矿泉水,对不同文化背景的人来说,那只是一瓶用塑料瓶装着透明液体的东西,甚至对文明未开发的原始部落居民来说,根本无法理解这是什么东西,或许是上帝的神器,或许是巫师的作法用具。

因此,文字只是工具,不要执著于佛经里那些固定的符号。因为,任何一个字都能用其他的符号来代替,千万别以为佛经如果翻成其他国家语言,就不是佛经,也千万别以为,不认识字的人就不懂佛法。

莎士比亚也算是个觉醒者,因为他说,就算玫瑰不叫玫瑰,它依然芳香如故。玫瑰这个词只是个符号,不能取代玫瑰本身,更无法传递它的香味。

未觉醒的人,总看不清这个实相,因此抄经抄得愈认真,背经背诵得愈虔诚,如果没有保持觉知,就会误认为"玫瑰"这两个字才是真的玫瑰,反而舍弃掉了玫

◎ 穿 ARMANI 的觉者 ◎

瑰的香味和它的真实存在。

相对的，拥有觉知和观照能力的"娑婆觉者"，必然会"看见"文字这个工具的局限性和抽象性，同时"看见"那个非抽象、非局限性的实相，"看见"全身里外都是经文，甚至一个动作、一个心念和感触，都是蕴含强大力量和不可思议的智慧的经文，属于你自己的，独一无二的个人版本的经文。

例如，佛经里的"无我"只是抽象的两个字，我们必须使用左脑来认知这两个字和解读其中的抽象意义。但是，这两个字毕竟只是抽象的符号，当我们内在去体悟到"无我"的境界时，我们必须抛掉左脑的干扰，我们不能用抽象的机制去体悟，而是要用全身的每一个细胞和整个存在，去体悟那个无法用语言、文字表达的东西。

因此，当我们想用左脑的功能、用抽象的符号来描述我们体悟到的东西时，就必须花很多工夫，用人类局限性的文字和语言系统,去翻译体悟到的境界。这是一种很艰困且效果很差的翻译模式,但为了传播佛法,佛陀仍试着用语言来说法,佛经作者或译者也试着用文字来说法。无奈,悟这个东西就像非常轻的羽毛,往往人们说愈多、写愈多,愈想去掌握它,它就飘得愈远,愈模糊不清。

老实说,光是我对"无我"这两个字的体悟,如果真要用文字说明得比较接近那个境界,要用文字来翻译那种感受和状态,可能就要写几十万字,而且不见得可以让人能了解到我在说什么。

然而,佛经只用"无我"两个字来代表那种状态,而且又是从梵文翻译过来的,等于一个新鲜的苹果,经过佛陀的咀嚼,再经过好几次的加工,晒干后,再加糖、加防腐剂和香精,然后再送到你嘴里,你能尝出这个苹果的原汁原味吗?

当你成为一个"娑婆觉者",你应该看透那些用文

◎ 穿 ARMANI 的觉者 ◎

字写的佛经，当你执著、虔诚地咀嚼它、背诵它，甚至以它为信仰或寄托，然后，根据你尝到的失真滋味，硬是用左脑的逻辑系统去解释，尽管解释不通又无法用头脑理解，你却又要强迫自己接受这种违反大脑和人性的东西，你的大脑必然会死机，进而精神错乱。

整个人类几乎有一半以上的人，都用这种和大脑相冲突的方式来读佛经，然后批判、指责我是危言耸听。这种现象，就像我亲自走到苹果树下，摘了一颗苹果咬了几口，尝到原汁原味的滋味，却有一大堆人告诉我那不是苹果的味道，真正的苹果应该是他们手上放了几千年，经过很多人的加工，经过很多人嘴里的咀嚼，吐出的残渣，再让其他人咀嚼之后，再吐出来的不成形的东西，这才是苹果，这个味道才是苹果的味道。

当你成为一个"娑婆觉者"，你应该像我一样，不再去吃那些失真陈腐的东西，而是直接去一棵苹果树下，摘新鲜的苹果来吃，去亲身感受和体悟那个滋味，

◎ 穿 ARMANI 的觉者 ◎

那个佛陀试着用语言文字告诉我们的原汁原味。

那棵苹果树,就是我们自己。

我们身体里的所有细胞,和我们内在的所有感受、思维和意识,包括我们的恐惧、焦虑、情欲、妄想、快乐、贪执和解脱,都会结成一颗颗丰沛多汁的新鲜苹果,等待我们自己去尝那个滋味。

当你觉醒,不妨也静心去观照自己,你就能"看见"我所"看见"的,体悟到我所体悟的。

我们的身体,记录着几万年来的演化过程,每个细胞里都蕴含着不可思议的因缘和智慧。

我们的意识活动就是咒语,当我们全然地去体验人生各种滋味,这就是修行;当我们的体验转成智慧、转成悟,我们就是在写自己的经文,这些经文记录在我们的灵性里,我们的阿赖耶识里,在我们的集体潜意识的最深处。

当我们觉醒,不停地观照、体悟和修行,就等于是

一直在改写这个属于我们自己独一无二的经文。每个人的存在都是一部经典，透过眼耳鼻舌身意去体验感受这世间的各种讯息，在灵性的殿堂里，储存着千万年来累积下来的体验和智慧，这就是一部心经，一部属于你自己的佛经。

我说过，那些用文字写成的佛经，自有它的价值，但参考就好，除非你能把它还原成本来面目，就像你可以把一小块的恐龙化石，还原成一只活生生的恐龙，否则，你应该就让自己这只活生生的恐龙，用觉知去写比化石更人性、更有生命力的佛经。

觉醒者应作如是观。

◎ 穿ARMANI的觉者 ◎

太饥渴，就会对食物过分执著

我有个朋友，家里很有钱，从小吃遍山珍海味，每到吃饭时间，我就常听他说吃饭真是无聊的事，他从来都不觉得饿，也不想吃东西，他真想不通，为何一堆人吃饭时会那么猴急，吃相真难看。

自己吃太饱的人，总是会批判饥渴的人的吃相难看，饱汉不知饿汉饥。这样的人，像是富家子弟或王公贵族，他在娑婆红尘中所要追求的，自然就和一般人或穷人的不一样。

那些一般人或穷人想追求的快感或美好的东西，对富家子弟或王公贵族来说，已经拥有太多了，大脑对这些美好的东西都觉得腻了，反而会觉得人生没有什么乐

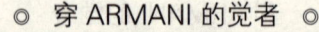
穿 ARMANI 的觉者

趣或重心，内心很空虚不安，因此，在丢弃那些无味的享受和快感后，他们需要的是一个可以让自己超越俗世快感和享受的空性，以求得到内心的平静，从空虚和不安中解脱。

相对的，一般人或穷人太缺乏安全感、快感和美好的体验，他们的人生重心就在于不停地追求、去体验什么是美、什么是快感和富足。对这样的人来说，他们的灵性功课反而是对贪恋和执著的放下。

因为，过去太饥渴造成的妄求或贪恋，会让他们执迷于不停的"追求"当中，甚至最后会变成只想享受"追求"的过程，而不是为了满足身心需要才去追求。这样的人，就必须学会放下，才能让内心同样得到平静，从炽盛的追求欲望中解脱出来。

当你成为"娑婆觉者"，就应看清，在这个红尘里，富家子弟和穷人所需要的学佛法门不一样，就像我们这些凡人所需的佛法，也和曾是皇宫里的太子的悉达多不

◎ 穿 ARMANI 的觉者 ◎

一样，吃得太多的人寻求超越，不想再吃；吃不饱的人渴求满足，满足之后才能放下。然而，在这娑婆红尘里，有很多人搞不懂自己是属于哪一种人，更搞不懂自己需要的是哪一种法门，学佛乱学，修行也是乱修。

明明是吃不饱的饿汉，还被教导要去超越人间的美好和快感，要把色相和七情六欲都当成空，不能有任何起心动念。很多饿汉、穷汉，就是在这种强调禁欲的戒律中，长期压抑体内自然的需求，最后反而造成极端饥渴的妄求和变态倾向。

国际新闻曾报导，有许多儿童遭神父或神职人员性侵，宗教团体或寺庙里，偶尔也传出性骚扰事件，为什么神圣的宗教或修行人士，会有这样荒谬的行径？

可想而知，那是因为他们搞不懂自己仍是饿汉，仍要遵守自然规律和身心需求，才能活下去，结果他们违反自然和人性，当然会被压抑过多的欲望反扑，内在强大的欲望为了急着找出口，才会演变成变态及违反良知

◎ 穿 ARMANI 的觉者 ◎

的犯罪行径。

这些神职人员和出家人从某个角度来看也是受害者，因为他们看不清自己，加上被错误的信仰系统和修行法门洗脑，才会走火入魔。不过从某个程度来看，他们也是对自己下手的加害人，因为没有觉知能力，才会被牵着鼻子走。

当你成为"娑婆觉者"，就应看透人性的本质和运作模式，其中一个就是当一个人太饥渴，但强迫自己禁欲，意识底层的那些被压抑的欲望和能量，就会自己找出口，到了最后，反而从不该出来的地方窜出来，让原本很自然的欲求，会变成不正常的妄求。例如，我们对食物就会有过分的贪恋和执著。

就像一个人饿太久，一有机会吃饭时就会狼吞虎咽，吃超过自己需求的量，把自己撑死。学佛也是如此，当你用错误的方法逼自己禁欲，欲望就会变成妄魔来反噬你。

◎ 穿 ARMANI 的觉者 ◎

我想，在这个娑婆世界里，大部分的人都不是王子或公主，不会从小就享尽荣华富贵和山珍海味，佛法对他们来说，应该从体验各种人生滋味开始，等体验够了才能有所悟，才能放下对这些欲望的追求，进而超越俗世的幻象。

因为，身而为人太缺乏快感，或快感太强、太多，都是不合中道的极端。真正觉醒的人，会保持阴阳互动平衡，不离中道，在两端中摆荡，但不落入每一个极端。

当有一天，觉醒者对这幻象世界的摆荡游戏感到腻了，自然会跳出来，进入"无我"、"无住"的层次，静观万象流转、幻变而不起心动念。

如果你也是凡人，不妨带着欲望和执著去修行吧！

◎ 穿 ARMANI 的觉者 ◎

佛法，是用来当地板踩的

听说有一个学佛很用心的人，每天忙着念经、打坐，傍晚垃圾车来时，他也没有空起身去倒垃圾，天长日久下来家里堆满垃圾，脏臭无比。

有一天，他的师父来看他，发现满屋是垃圾，就问他为何不倒垃圾，他却回答正在参一个佛法里的真意，没有时间去倒。

师父听了，就拿了一包垃圾丢到他身上，大喝一声：

"佛法，就在这一包垃圾里！"

他怔了半天听不懂，师父说，做你该做的，倒垃圾时间到了，就用心去倒垃圾，这就是佛法。你却在那里

◎ 穿ARMANI的觉者 ◎

打坐胡思乱想，你想一辈子想破头也找不到佛法。

我曾到一位学佛的朋友家里作客，她非常有钱，也很有社会地位，但她有个怪癖：不允许人家踩她家的地板。除非脱鞋、脱袜，而且脚底很干净，才能快速走过。

后来我问其他学佛朋友，才知道她不能忍受地板有任何灰尘或头发，只要有人掉一根头发她就会大发雷霆，然后拼命地拖地、擦地。

在她眼里，地板不是用来踩的，而是用来观赏和供奉的，用来当成她心里的明镜，时时勤拂拭，莫使惹尘埃。

有一次，我又去拜访她，就故意用脏脚去踩她的地板，她大叫一声，说我对地板不敬，也等于是对佛法不敬。

我对她说，这只是地板，地板是用来踩的。

她却反驳说这不只是地板，也是她每天用心下工夫

◎ 穿 ARMANI 的觉者 ◎

去修来的成绩，这就是佛法。

我笑了又说，好吧！这是佛法，但佛法也是用来踩的。

她怔了一下，支吾地说，如果踩脏了怎么办？

我说，脏了那就再擦啊！擦干净了就再踩啊！这就是佛法。

在我眼里，佛法和地板或扫把、垃圾桶没有两样，并非我对佛法不尊重，我想说的是，佛法不应该是被供奉起来的古董或艺术品，或是用来拜的佛像，而是可以拿来过生活的日常用品或工具。

同样的道理，有人把婚姻当成完美的童话故事，不容许有任何污点或瑕疵。因此，只要配偶有一点瑕疵或表现不合他的意，就吵闹或威胁要离婚，即使对方再三保证不再犯错，但他仍觉得对方有一天一定还会犯同样的错，因此，每天心中忐忑不安地活在焦虑中。原本可以结合两人、彼此照顾、互相得以依靠的婚姻，却变成

◎ 穿 ARMANI 的觉者 ◎

互相折磨的元凶。

当你成为"娑婆觉者",必须全然了解,在红尘中修行要具备两个要素,一个是"保持觉知的体验",另一个是"拥有穿透力的观照",这两个要素,就是把佛法拉到现实的基础。

佛法的修行,需要现实生活的体验和观照,缺一不可,如此才能动静同修,在动静中悟到实相,而不会只落入动的一面或静的一面的假象。

如果你体验不足,只懂得观照,你修的佛法就会沦为头脑的想象游戏;相对的,如果观照不够,只知道体验,就会失去自我,看不见实相和修行该走的方向,贪恋执著你所体验到的一切。

体验,必须带着觉知;观照不离体验,才能有所悟。

这就是我修行的心法。

全然地去体验人生各种滋味,然后,全然地接受当

下的一切,去观照一切,向外观照,照见万事万物的本质,向内观照,自然能明心见性。

这就是佛法,像是两只让我踩在脚底下的鞋子或轮子,让我在修行的路上可以踏实地前行,不会妄想升天成佛、飞天成仙。

不管你是不是"娑婆觉者",都可以运用这两个工具,来让自己超越人生的各种困境,让自己成长,开启智慧。

我知道,很多人都相信命运,甚至愿意花钱去改运。

如果你能觉醒,就会发现,只有你自己才能帮自己改运。与其相信命理师的改运,不如相信自己的体验和观照力,可以让自己看见实相,依自己的需求和条件,去拥有适合自己的事业、伴侣、生活模式和人生;接着,就能修正你大脑里的过期程序或不正确的观念,从此不会痴心妄想,自欺欺人。时时保持觉知,知道自己

◎ 穿 ARMANI 的觉者 ◎

在干什么,如此,就不会让自己不由自主地活在痛苦和烦恼里,浑然不自知。

这个时候,你的命运自然就会有所改变。然而,到底是变好或变坏,就要看你如何去诠释或定义何谓是好的,何谓是坏了。

带着全然的觉知,把佛法融入你的生活吧!

因为,佛法是一包垃圾,是要被人踩的地板,是需要用心经营的婚姻,是阴魂不散的房贷,是等你洗的碗盘,是你每天重复要做的开门关门、打开电视和关掉电视……

佛法无所不在。

因为,没有人就没有佛法啊!

◎ 穿 ARMANI 的觉者 ◎

人间苦，是我们中了大脑的诡计

当你成为"娑婆觉者"，并不代表你就从此没有烦恼。

相反的，你的烦恼会更多，因为你比过去有着更清明的自性，能把身边的各种烦恼看得更清楚，因此，在觉醒后的修行里，你要在这个娑婆红尘里，在每天的生活里，找出更多的烦恼，然后一一体悟和观照，因为，这些烦恼是让你拥有智慧的老师。

当你观照到更多烦恼的本质，你会发现，所有的烦恼，包括恐惧、焦虑和不安，其实都只是我们中了大脑的诡计的结果。

我听过太多学佛的朋友向我抱怨，他们说，佛法教我们不执著一切，要丢掉一切，才能安心无罣碍。但现实世界里，我们却都需要工作才能有收入，需要缴房贷和车贷，需要感情，需要健康和安稳的生活，这些需要又和佛法的空或不执著相矛盾，要他们在现实生活中运用佛法，根本是缘木求鱼，自欺欺人。

会说这些话的朋友，就是中了大脑的诡计。

事实上，佛法不是教我们放掉一切，而是在现实的各种需求和烦恼中，照见这些都是假象，然后才能运用智慧来超越这一切。

过去我也常中了大脑的诡计。例如，我曾经身为一家大公司的主管，除了背负业绩上的压力，我的属下频频犯错，也让我陷入长期的焦虑中。虽然属下犯错后也得到惩罚，但真正让我焦虑的是，我和属下对工作犯错的严重性，在认知上有很大的差距。

因为，不管我怎么要求或解释，不知轻重的属下仍会以一种运气不好才被罚的态度来面对自己的错，丝毫

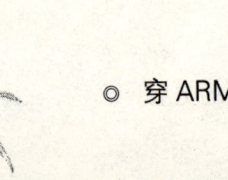
◎ 穿 ARMANI 的觉者 ◎

不知道自己为何会犯错,如何才能防止下次再犯同样的错。因此,我不自觉地就陷入一种不知属下何时还会再犯的焦虑。

焦虑这个东西,当我们长期压抑它,它就会不自觉地把问题放大,或先在脑袋里把某人判死刑,一旦有什么风吹草动,压抑已久的情绪就会一下子爆发出来。人与人之间的强烈冲突,经常就是如此产生的。

当年,美国在打越战,很多士官或军官就是因为压力太大,被一些不存在的幻觉和妄觉折磨得患上焦虑症,即使已经离开战场回到美国十几年,仍活在焦虑和恐惧中。

同样的,有位太太在一次和先生的争吵中,发狂似的拿了剪刀猛刺先生,所幸,都没有刺中要害。

事后心理辅导人员才发现,原来,她先生曾经乱丢烟蒂,差点引发火灾,她从此就活在被火烧死的焦虑恐慌中。尽管先生一再保证不再犯,但她仍不相信,在长

◎ 穿 ARMANI 的觉者 ◎

期被焦虑折磨下,她转而把先生当成仇人,在一次争吵中精神崩溃而拿利剪刺先生。

当我们试图逃避任何危险或威胁而失败时,我们就会陷入一种焦虑的状态;当我们害怕未来会有更多我们无法处理的难题时,我们就会产生不安,这时,我们就跳入了大脑设下的陷阱。

有人害怕爱人变心,有人怀疑自己可能罹患癌症,有人担心工作不保而没有钱缴贷款,有人怕不受人欢迎,有人忧虑政局纷乱,会有暴动或政变,有人则相信世界末日已经快来临……

焦虑,代表一个人的心处于火堆上,分分秒秒都像被烈火烤炽着,无法安心安住,无法平静地放松自己,长久下来那种苦是生不如死的。

当你成为"娑婆觉者",当你感到焦虑时,要懂得去观照焦虑的本质是什么,然后体悟到,大部分焦虑都是我们大脑的妄觉制造出来的。

◎ 穿 ARMANI 的觉者 ◎

例如，有人犯了一次错，我们的大脑就告诉我们他是故意的，下次一定会再犯；或者，爱人曾劈腿偷情，即使他回到你身边，你仍会在头脑中认定他还会再犯。当我们没有觉知，无法察觉这些焦虑都是由妄觉妄念制造出来的，我们就会在焦虑恐惧的折磨下失去理智。

有一位妇女生育了五个孩子，其中一个因为出意外死亡，使她伤心欲绝，事后勉强放下它，但一想到她还有四个孩子，万一他们又出事，那种苦和煎熬她如何承受得了，因此，她索性杀了四个孩子，免去每天担惊受怕的日子。

人生是苦，但真正折磨人们的，往往不是事件本身，而是事件本身带来的焦虑和恐惧，那种没有尽头的焦虑，才是让人崩溃的关键。

事实上，所有的焦虑不安的源头，都来自于某种危险或威胁。有些危险和威胁是真实的，只是程度上没那么严重，是我们自己把危险度增加太多，自己吓自己。

◎ 穿 ARMANI 的觉者 ◎

然而，很多不存在的危险和威胁，都是我们的大脑制造出来的。

我们之所以要保持觉知，就是为了找出危险的根源，然后把这些危险或威胁处理掉，不管这些危险或威胁是真实的或是假象。

例如，我的属下如果犯错后，态度仍不以为然，那问题的根源是在他对工作的认知偏差。或许他认为工作只是为了一份薪水，不需要花太多心力和负责任，如果我不能导正他，或他不愿调适，那么，就应考虑调整他的位置或去留，或者签下同意书，表明如果再犯一次则需赔偿并离职。

当我对焦虑有所觉知，知道应如此地把问题处理掉，而不是没有觉知地让焦虑一直折磨自己，对焦虑束手无策。

同样的道理，当犯错的先生承诺不再犯，妻子应包容并用心一起经营这个家，如果仍无法沟通，不如理智地选择离开，以免夜长梦多，否则，彼此对立久了，反而变成仇人。

因此，佛法不仅可以运用在现实红尘，还可以让人在各种体验中，得到智慧和体悟，最重要的是当我们面对各种难题，除了可以运用智慧处理它和放下它之外，更可以超越它。

所谓的超越它，是指下次再遇到同样的问题，就不再有恐惧焦虑和过度反应，而可以以平常心来面对它。

人间之所以苦，说穿了，就是人们中了大脑的诡计。相对的，观自在，就是让我们看清大脑的诡计，在观照中看见自己的焦虑只是一个假象。其实，每个焦虑背后，都有一个我们不想面对或害怕的东西，那个东西才是一直不停地制造焦虑的源头。

过去，我没有觉醒前，我之所以会因为属下的犯错和态度不良而焦虑，真正的源头是我不想破坏我和他的关系，也不敢去面对可能要请他调职或离职的事实，才

◎ 穿 ARMANI 的觉者 ◎

会任他一直混下去,而我只能在一旁焦虑。

其实,不管面临任何困境或难题,只要我们能勇于面对和承担,不要把人世间的游戏当真或看得太重,不要患得患失,大脑是无法让我们上当的。

当你成为"娑婆觉者",应如此对应你的烦恼和焦虑才是。

◎ 穿 ARMANI 的觉者 ◎

当佛陀也穿上 ARMANI

我有个朋友,家里衣橱里有 ARMANI 名牌衣服却不敢穿出来,出门开 BMW(宝马)车也有罪恶感,他一直考虑是否要把所有家产捐出去,才能专心到寺庙里修行。

老实说,无法觉知莫名罪恶感、不能看透罪恶感的人,即使一无所有寄身寺庙里,还是无法摆脱罪恶感,真正地修行。

我另外一个朋友则是相当痛恨 ARMANI 这类名牌,即使他奋发成功,赚了钱仍不想穿 ARMANI,同样的,他也认为穿这些名牌会有罪恶感。

我倒觉得不少人穿起 ARMANI,很有知性和高雅的气质,非常好看,实在看不出穿 ARMANI 的罪恶感在

◎ 穿 ARMANI 的觉者 ◎

哪里。

当你成为娑婆觉者，仍无法看透自己对世间色相的偏见，很在意别人的看法而不敢去过自己的生活的话，那么，你的觉仍只是自欺欺人的催眠秀。

如果你懂得观照，不妨看看自己是用什么偏见或意识形态，在看这世间的万象。如此你会体悟到，一个人该有的罪恶感，不是你拥有什么或喜欢什么，而是你是执迷于色相的偏见或妄想。打个比方，如佛陀说的"性空"是个真实不虚的真理，那么，学佛或修行者为何一定要执著于穿袈裟或其他制服呢？为何学佛的人，就不能穿着 ARMANI 或 PRADA 修行呢？

不少人有钱、有才华、有家世、有迷人的脸蛋……这一切都是因缘聚合的结果，在这些因缘背后，有个人的业力和复杂的时空轨迹以及能量的联结，不是我们用罪恶感就可以全部抹煞掉的。

"娑婆觉者"要切记的是：物质本身并不可怕，可

◎ 穿 ARMANI 的觉者 ◎

怕的是我们对物质的偏执心和错误认知。

因为，实相世界和我们认知到的世界，是两个完全不同的世界啊！

我记得在香港办读书会时，有位读者问什么是假有，我举桌上的塑料瓶矿泉水为例，说它是我们的大脑认知的产物，我们所认知的矿泉水是不存在的，但似乎在场人士都听不懂我在讲什么。

事实上，在我眼里，ARMANI 西服和那瓶矿泉水没有两样，并不是说这两种东西的分子结构都一样，而是说我们对这两样东西的认知，都停留在一种大脑对它们的切片意象里，然后为它们贴上标签，告诉自己，那个就是 ARMANI 的西服，这个就是某某牌子的矿泉水；接着每个人根据自己的内在需求，就会把自己想要得到的感情寄托，投射到这两种东西上面。

例如，ARMANI 品牌的忠实追捧者，在他们眼里 ARMANI 不只是一个品牌，还是上流社会及顶尖时尚的

◎ 穿 ARMANI 的觉者 ◎

象征，他们的感情都投射到了这里面，他们的优越感和成就感，也都投射到上面，因此，他们在大脑里为这个认知切片，做了很多注解和感情联结。相对的，对另一个不爱穿名牌的人来说，ARMANI 只是一个有钱人爱穿的奢侈品牌罢了，和这个意象切片联结的，只有负面的感受和评价，甚至会把对有钱人的不满，都投射到其上面。

同样的东西，对两个人来说竟有天壤之别的认知，这些认知就是我说的假有，它不是实相，不能放诸四海而皆准。

现代人很容易有对立和纠纷，包括人与人、族群与族群、国家与国家之间，都有对立和冲突。事实上，所有问题的根源，都在看不清实相的这个点上，大家都认假为真，执著于自己的妄觉，其实，大家都只是在做各自的梦而已，没有必要对立或仇恨。

对于 ARMANI、BMW，或是身份、地位、财富……

◎ 穿 ARMANI 的觉者 ◎

不同人也有不同的认知，一切都只是大脑的注解和感情投射的作用，没有必要针对这些物品或游戏带有偏见或妄见，进而产生否定或厌恶，这些都是看不清实相的结果。

本来，这个世界只有一个实相，但是一般人总是分成出世和入世两个，因此，我们只好创造出一个娑婆世界，来指称未开悟者所看见或认知的世界，这都是方便法门，法门就是工具，不需要去执著。例如，觉醒者观照到的世界的实相，是一堆能量不停地流转变换的现象，包括静态动态、气态固态，所有东西都是能量的聚合，只是我们察觉不到那些细微的变化而已。

然而，对大部分的人来说，我们的大脑无法接受这种实相，就算能感受到万事万物的能量流转，我们的大脑也没有这么多脑容量，去不停地更新并记录对实相世界快速流转的认知档案。

例如，这个世界是以每秒一万次的震动在不停地流

◎ 穿 ARMANI 的觉者 ◎

转震荡,但左脑为了让我们安心、为了合乎逻辑的判断,只好把这不停流转变换的世界的一个瞬间切片,看成是我们对这个世界的认知,或许每隔几秒或几天,对某些事物的认知才会更新。

如果是建筑物或高山这类外在变更程度不大的物体,我们就把它们定位为不会流动变换的存在;大脑对同样的一个外在,不会特别去注意,甚至就会使用旧的切片档案去标签化,除非那些建筑物或高山的外观有了大幅度的变化,我们的大脑才会更新。例如,我们每天都会见面的人,即使他的脸或外貌一天天在改变,由于我们对他的存在的认知,是每一小时或每一天都在更新,因此,长久下来也不会察觉到他的脸有很大的变化。

相对的,如果我们有几个月或几年没看见他,突然再见面时,我们当下对他的认知,必然和几个月前或几年前不一样或差距甚远;因此,当我们的大脑比对两个

◎ 穿 ARMANI 的觉者 ◎

面容时，一定会觉得变化很大，因为，我们是过了一段时间才更新对他的认知标签。

所以对大脑来说，最完美的人是那些已不存在的人，例如英年早逝的明星，我们对他或她的认知切片，永远停留在了当年过世时的状态。对活人来说，死人的形象是无懈可击的。

同样的道理，那些虚构出来或大脑想象出来的人或事物，也是最完美的。例如，大家对佛陀的形象的认知，都是从古代的许多石匠或画家的作品而来，从石雕或木雕神像的认知切片来的，包括各种神仙、菩萨也是如此。因此，大家虔诚膜拜的神佛，其实是在拜自己内心一种渴望安心和让心灵有所寄托的感情投射，只是刚好投射在这些神像或佛像上，如没有觉知，这个投射就会变成一种信念系统。

就这样，在我们一辈子都无法更新大脑的状态下，对佛陀、菩萨和各种神像的认知切片，以及神佛天仙的

◎ 穿 ARMANI 的觉者 ◎

存在，才会长期地、一代接着一代地，累积成一种集体潜意识的文化或信仰投射。

在电影《虚拟偶像》（SIMONE）里，精准地揭示了人类的无明和集体潜意识投射的荒谬性。剧中男主角制造了一个不存在的偶像，想尽办法让大家相信"她"的存在，然而，当大家深信不疑这个虚拟偶像是真实存在时，即使男主角把真相及证据说出来，竟然没有人选择相信自己的眼睛和耳朵。

因为，偶像对于广大群众来说，只是他们内心的投射，偶像是否真的存在，那并不重要，只要偶像能带给他们快乐及梦想，让他们沉醉在这个大脑创造出来的梦里，永远不要醒来，这才是最重要的，即使在快乐的背后，有大量的苦楚和不安，也在所不惜。

人们对佛陀、菩萨的崇拜，和对这些虚拟偶像的迷恋，没有什么不同。

人类，几千年来一直在玩这种游戏，有人乐此不

◎ 穿 ARMANI 的觉者 ◎

疲，因为人生对他们来说，所谓的醒或悟都不是最重要的，他们最在意的是好不好玩及快不快乐。

因此，从本质上来看，ARMANI 或 BMW 这些名牌，和佛像、神像也没有什么两样，都是认知下的虚幻产物。依此类推，佛陀的菩提树和你的豪宅，也没有什么不同，你有足够的因缘可以住豪宅，就安心地住吧！何需带着罪恶感躲躲藏藏，如你真的觉醒，你的豪宅不见得比佛陀的菩提树来得没意义。

当你成为"娑婆觉者"，要觉知人生有所求不是坏事，尤其我们身心有需求都是自然的，只要不超过自己的极限或不强求，不违反自然，就不会有罣碍，何必在意他人的偏见。

毕竟，人各有因缘也各有选择权，当佛陀也穿上 ARMANI 开 BMW，他绝不是爱慕虚荣，而是想告诉世人，俗世的享受也是一道法门，不要任意抹煞或否定，学佛就是要去体验，从中察觉到现实和你妄想的差

◎ 穿 ARMANI 的觉者 ◎

很多。

所以，你可以穿 ARMANI，追求任何你想要的东西，然后去觉察你的追求里，蕴含了什么意义在里面，这才是活生生的佛法，有血、有肉、有人性的开悟之道。

学佛，本来就是为了体验人生。

佛陀说，当人接触世俗的事物，内心不被诱惑，没有忧愁，没有瑕疵，心灵安定，这是多么幸福啊！

"娑婆觉者"，只要你能保持觉知，不妨全然地去享受人生这场充满意义且多彩多姿的幻象游戏吧！

◎ 穿 ARMANI 的觉者 ◎

后记

我们的灵魂来这世间的秘密

佛陀系列五书终于写完了，我想大家应该可以了解，我只是借用佛陀的名来告诉大家，新时代的佛法，应该回归人性和自然，然后，从自性出发去体验、观照。基本上，我所说的新时代佛法，也可以看做不仅仅是佛法，而是包含儒家、道家、佛家，以及西方的新时代精神，融合而成的一种觉醒和修行系统，目的是帮现实红尘的人们，可以安住在自己当下的因缘和环境里，不论你是扮演什么角色，或从事什么职业，都可

◎ 穿 ARMANI 的觉者 ◎

以运用佛陀开悟的心法，超越环境，超越无常和自身不合时代的大脑程序，让自己活得安心自在，同时运用智慧让灵性可以进化、升级。

然而，我的这些体悟，长期以来一直被人误解，有不少人质疑我的觉醒和体悟是违反佛法的。例如，我说觉醒了还是要工作、恋爱、过原来的日子，但有很多人却说这是假的觉醒，因为，真正的觉醒就不会想再待在红尘里，甚至谈恋爱、上班及过凡俗的日子。我只想说，这个体悟是我用全身细胞去"看见"的，并非用头脑去想出来的，只是悟这东西，我很难用文字、语言去讲逻辑和说理给大家听，但我还是尽力用文字来传递我的体悟，剩下的就交给因缘。人各有因缘，如有人懂也好，有人不懂、反对也好，毕竟，觉醒是个人的事，没有唯一的标准。

只是，在结束佛陀系列之前的最后一点篇幅里，我想和大家分享我的感触和我"看见"的东西。

当我觉醒了，悟到了超越痛苦和烦恼的心法，我一路过关斩将，修行得很顺利。事实上，我的确可以再往前走，彻底修正大脑的程序，进入完全脱离尘世的修行路（但这条路并非是修行开悟唯一的路，只是可以又快又彻底），我知道，只要再加把劲走下去，我将不再有"人"的罣碍。

那种感觉，似乎我得到上天的眷顾，给了我一张直通涅槃的火车票，只要我一踏上车，我知道，我将来看见的尘世和人们，将不再是我现在看到的样子，我只会看见"因缘"和"空性"这两个现象，万事万物在我眼底都是这两个现象的交互反应，就像云和风，就像雷和雨交互影响的现象，我将感受不到娑婆世间众生的苦和烦恼，快乐和恐惧，一切都只是现象。

同时，我也"看见"，在万物聚合成"人"这个现象的背后，有个不生不灭的"存在"，凝聚了各种因缘，让人有爱恨情仇，可以感受到悲欣苦乐，甚至等人们的时空轨迹走到交错点,全身因缘分解后,一再地回到这个时空,聚合因缘再玩人间红尘的游戏。

当我"看见"这些实相,我很庆幸自己可以离苦了,我手握着火车票,心想可以不再玩这个红尘游戏。但是当我回头,看见尘世间还有那么多活在梦中受苦的人,他们怎么办?虽然各人造业各人承受,但我看见他们不知道自己只是在玩自己创造出来的游戏。例如,有人在地上画一条线,然后不敢跨过去,只要一接近那条线就陷入恐慌;有人用泥沙筑成一座城堡或堆成一堆钞票、股票、钻石……然后每天守着它,生怕它被海水冲垮、被风吹散;有人把一只狗看成老虎,有人把小白兔看成大卡车,更有人把其他人看成是他心中完美的情人,宁可把自己卖了,也要讨对方欢心……

当我看见他们把游戏当真,被恐惧、烦恼和苦痛折磨成那样子(虽然万象是因缘聚合的假有,但对灵性来说,人们的恐惧和烦恼,都是真实不虚的),我不能就

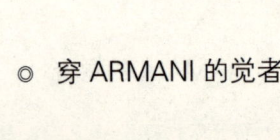
穿 ARMANI 的觉者

这么一个人去享受快乐，我也不忍心不告诉他们事情的真相，如果我可以这么快就退出这场游戏，而不管他人死活，那么，我来这个游乐场就没有任何意义了。

因此，我把车票撕掉，我没有踏上车，我保留着"人"的程序，保留着人所有应该拥有的一切，我发愿此生要尽力去帮助他人觉醒，我发愿我要帮大家争取到更多通往涅槃的火车票，或者集合更多觉醒者，打造一列直通涅槃的火车，让大家的灵性一起进化、升级。

然而，要帮助大家觉醒，最好的方式就是透过红尘间的"教育"。写书是一个方法，办讲座，甚至透过任何媒体推广，或是成立一所学校来教大家觉醒，这都是可以做的。只是，写书或办讲座，是帮小众争取火车票，而成立学校等于是建造一列火车，虽然规模和效益不同，但背后的慈悲心是一样的，没有什么差别。

总之，我希望透过这系列图书，可以尽量帮助更多人觉醒，我也希望这些觉醒的人，不管是透过什么方式，对团体推广或个人推广也好，尽力把"自力觉醒"和"人本自然"的修行心法，让更多人知道且受用。

最后，我想告诉大家的一个秘密是：

"我们的灵魂，来这世间不是为了受苦或享乐的，这些都是假的；我们能从娑婆红尘中学到什么，体悟到什么，才是最终目的。"

当你亲身体悟到了，爱和慈悲才是我们要学习的灵性核心，不妨就以"娑婆觉者"的姿态在红尘间，自在、勇敢地活下去吧！

如何在现实残酷的世界里自在、勇敢地活呢？

灵性方面，可依佛家的慈悲，对社会（他人）层面，可遵循儒家的入世（勇于承担），至于对自我（自性）的内在层面，不妨师法道家的超脱吧！

◎ 穿 ARMANI 的觉者 ◎

附录

读者来函问答录

1. 觉醒后还能谈恋爱吗?

有许多读者来信问:觉醒后还能谈恋爱吗?

我必须再次强调,一个人觉醒后,并不代表他就已成仙、成佛,觉醒的人还是要呼吸、吃饭、大小便、过日子,甚至需要继续爱人或被爱。

如果食色是我们的本能,那么渴望被关爱、需要安全感和感情寄托,也是一种本能,如果佛法是建立在人本自然的基础上,为何要去禁绝这些根本禁不了的本能呢?

◎ 穿 ARMANI 的觉者 ◎

或许又有人会问，同样是要吃饭、恋爱，那么，觉醒前和觉醒后有什么差别？

当然有很大的差别，觉醒前我们都带着一种很深的妄觉在对应世界，用一种把梦当真，且不知自己身在梦中的心态，去执著世间的种种假相。

觉醒后却是以一种看透妄觉、妄想，看清万事万物真相或本来面目的清醒姿态，继续去玩人间这场游戏。

同样是吃饭，但一个是带着紧张、焦虑或过多期待地吃，一个是可以放下所有烦恼，全身放松、自在地吃，表面上看不太出来有何差别，但内在是有天壤之别的。

同样是谈恋爱，还没醒的人，会执著山盟海誓，把爱当成占有对方的手段，时时刻刻为爱担惊受怕，经常要承受十几个小时或是更久的痛苦，才能换来一瞬间的快乐。

同样是谈恋爱，觉醒的人知道爱就像陶喆唱的《流

◎ 穿 ARMANI 的觉者 ◎

沙》，爱像流沙，就随它去吧！不要挣扎；或是陈奕迅唱的《爱情转移》，爱像握不住的月光，一握住就只剩黑暗……

同样是谈恋爱，还没醒的人只拥有痛苦，觉醒的人则是同时拥抱痛苦和快乐、拥抱获得和失落，当苦乐的滋味糅合在一起，最后会变成自在。觉醒后，只是从大梦中醒来，日子还是要过，只是生活的所有一切，都变成了修行的课题，包括爱情在内。

当我们看清了爱情的实相，是诸多因缘聚合的奇迹游戏，自然会珍惜跟爱人相聚相爱的每分每秒，因为不仅爱情是流动的，所有的因缘，人的身体、人的意识和心情喜好，也都是不停流转变换的。或许下一秒就有意外让你或他的肉身分解或失去记忆，或许下一个念头两人莫名其妙就要分手……下一秒的世界会怎样，只有上帝知道。就如孙燕姿唱的《开始懂了》，爱是不由人的，何必激动着要理由？

◎ 穿 ARMANI 的觉者 ◎

觉醒后，还是可以谈恋爱，可以去玩人世间的一切游戏，但前提是要带着觉知，知道一切都是暂时聚合的"假有"，有了这样的觉知，不仅没有执迷的苦，反而有超然的自在；更重要的是，要全然地进入爱这个东西，去观照它，才能从中得到智慧及悟的可能，最后超越这个小爱，升华为爱众生的慈悲心。

因此，在这个一切都在流转幻变的无常舞台，我们要在意的不是这些因缘聚合的肉身或物质，而是透过这些因缘和游戏，我们感受到了什么？得到了什么？学到了什么？

就拿我来说，有读者也问我是否还会谈恋爱，我回答如有因缘仍会谈恋爱，因为这些该来的因缘都是功课和考验，但我不会停留在过去那种带着很深的妄觉或期待的状态来爱人；相对的，我也会希望这场恋爱可以提升到更高的灵性境界，而不是没有觉知、自欺欺人的无聊游戏，因为，偶尔陪一个仍在做梦的人演几场戏无可

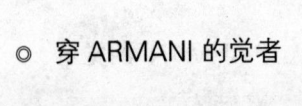
◎ 穿 ARMANI 的觉者 ◎

厚非，但如对方的妄觉、妄想变成一种让人残疾或失去自由的枷锁，我想，双方必然是痛苦的，因为一方想控制，另一方想逃脱，这种游戏要玩好几年或一辈子，实在是违反人性和自然。

如果双方都可以清楚地看透爱情的实相，不仅可以爱得自在，还可以在爱情中互相学习和成长，这才是我们来这地球的意义。

2. 学佛就不能追求名利和爱情吗？

学佛的人，就不能追求名利和爱情吗？

我的体悟是，如果学佛就不能追求名利或情爱，那么，这就是传统的、狭隘的死人佛；新时代的佛法，应回归到原始佛教的人性面，而不是变成企业式的宗教工厂，抹煞了每个人的独特性。

真正的佛法，是帮助人们在现实生活中找到自己，

◎ 穿 ARMANI 的觉者 ◎

找到智慧；因此，你原来在现实生活中扮演什么角色，那就继续去做你该做的事。或许你一直在追求名利，那就去追求吧！或许你一直在情爱学校里毕不了业，那你就全然地进入情爱吧！在你想追求或执著的东西里，藏着让你认清自己的秘密，只要你懂得觉知和观照，去看透那个东西的虚假幻象，看清它的本质，你就能从中跳脱出来，你就能超越它。

人来这世上走一遭，就等于小学生进学校读书，我们要学的功课非常多，或许你过了名利关，还有感情关，后面还有健康、家庭、人际关系等等许多功课要做，但这些功课，只能在现实生活里才能学到，而不是躲在庙里封闭自己。

如果说，学佛就一定要制式化的，要理光头到寺庙里敲木鱼、念经，那么佛法如兴盛起来，大家岂不是都要挤到山上的庙里，没有人当医生、警察、厨师、老师、父母、情人、商人、农夫和工人……这世界岂不是

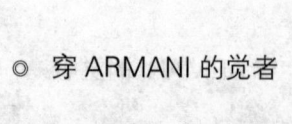
◎ 穿ARMANI的觉者 ◎

要大乱？因为，如果真的这样才是世界末日的开始，若是农夫不耕种，哪里来的饭可吃？

佛法，不是出家的和尚或尼姑的专有特权，佛法无所不在。

3. 习气有什么可怕的？

书中提到最怕习气和业力，到底什么是习气？有什么可怕？

我曾在一栋大楼里，同时认识一位富翁和一位清洁工。我经常和他们两人搭同一部电梯，每次都看见那位富翁似乎是用健康换财富，经常超时工作或熬夜应酬，看起来气色暗沉、能量差，但年纪很大的清洁工，却面色红润、气定神闲。

你想想，谁才是真正富有的人？

有一次，我又在电梯里遇到他们两人，我问了富翁

这个问题，富翁看了镜子里他和清洁工的气色，顿时觉醒，把公司交给专业经理人，想把自己的生活调回到正常的状态，饮时有节，作息正常。无奈他习气累积已久，就像他的财富一样多，过没多久，他受不了那种单调、无聊的正常生活，又回到公司工作，依然晚上频繁应酬，两年后因肝癌病逝。

习气可以杀人，可以让人下地狱，变恶魔而不自知，当然习气也可以救人；不过，任何习惯，只要成为惯性的行为，就会失去观照能力，无法活用应变无常的世界，最好还是能保持觉知，才不会陷入不自觉的习气程序里。

例如，勤俭是好习惯，但有位妇人生了病，去药局买药时，也习惯捡最便宜的，甚至杀价，最后吃了一堆劣质药或伪药而去掉半条命；或者，我看新闻常常发现有很多夜归妇女舍不得坐出租车，为了省钱走暗路，结果被歹徒抢劫或性侵害，这都是因小失大，没有保持觉

◎ 穿 ARMANI 的觉者 ◎

知的下场。

勤俭是好事，但如果眼前面对的是自己的生命或安全，或是任何比金钱更重要的事，就应该跳脱习气，从轻重缓急的观点来评估，自己究竟该做什么决定。

你的觉醒，决定了你的实相和命运。

不管你是否满意你现在的状态，是你选择了现在的样子，如果你不保持觉知做出最好的选择，那么你的无明或习气就会帮你做决定，但后果却是由你来负责。

4. 佛陀是不左不右的中道主义者

学佛是否必须苦修？既然身体是空，是否就不要管它了？

佛陀曾说，他不主张修行走两种极端，这两种极端是什么呢？

第一是太贪图或执著感官的享乐，因为那是低级

◎ 穿 ARMANI 的觉者 ◎

的，会损害身心，迷失自己。

第二是过分的自我折磨，而那是不合人性的，也同样会给身心带来伤害。

真正的佛法是依循"中道"，避免以上两种极端，这才是修行。

总之，所谓的中道，就是保持觉知，自然地去过生活，感官娱乐的刺激也好，只要有所节制，也没什么不好；想锻炼自己也好，但也不要超过自己的极限，这就是中道，没有强求，没有执著，万事万物你都可以去体验。

因此，不要为了学佛刻意去折磨自己，也不要因为肉身是四大聚合，就否定它或鄙视它，把它看成臭皮囊；相对的，也不要太执著这个肉身，它会老化、生病，这都是自然的，也不要妄想长生不老或青春永驻，那都是头脑里制造出来的妄念。

因此，如有人主张学佛就要虐待身体或自我折磨，

◎ 穿 ARMANI 的觉者 ◎

有觉知的人，就应该有判断力，就更能判断什么才是真正的佛法。

5. 出家前，先去风月场所体验人生

曾经犯了色戒或接触过风月场所的人，是否就不能学佛了？

或许是受了电影、小说的误导，很多读者来信问这类问题，其中更有人是曾经从事过风月场所的陪酒女郎，她们总认为，学佛修行是要很干净的，像她们这样拥有不名誉的过去，应该不可能成佛吧！

事实上，我的答案刚好跟她们想的相反。如果说曾出入风月场所或曾吃过牛肉、猪肉的人，甚至是杀猪的屠夫或杀人犯，因为已经犯了佛门的戒律，就不能学佛、成佛，那么，佛陀所说的众生皆有佛性，佛法在世

◎ 穿 ARMANI 的觉者 ◎

间这类的话，岂不就等于是白说？

我说过，佛法无所不在，任何人不论性别、年龄、职业、出身或学历，人人都可以学佛，也可以开悟成佛。

因此，曾经是风月场所工作者或出入过其间的人，不但可以学佛，而且只要用心去观照，反而会比那些出身良好，从没经过江湖洗礼的高贵人士或出家众，更能有所体悟。

然而，关键在于是否有心觉醒，还是只想求个形式上的皈依，让自己心安，不怕死后下地狱，再继续活在幻觉里迷恋色相？

大家都知道两个和尚背女孩过河的故事，背女孩的和尚懂得佛法真正的本意，凡事顺其因缘，但不罣碍执著；另一个心中一直罣碍着色戒的和尚，就属于执著色相和形式的假学佛者。

或许很多人不赞同我的说法，认为佛陀既然要求信

◎ 穿 ARMANI 的觉者 ◎

众持戒，就不应该犯了色戒来学佛。但佛法是讲求心的体悟，不是外在形式或对色相的否定，真正的持戒是在心，而不是在色相。

如果学佛必须完全COPY悉达多的求道剧本，才算是学佛，那么，我劝你最好也先去风月场所，体验一下身陷酒池肉林和美女或帅哥怀中，到底是什么滋味，如此你才能超越这些幻象，才能真正有所悟。

因为，悉达多在成佛前，也经历了肉欲洗礼的阶段，在皇宫享受着美食、醇酒、女人、欢笑，直到二十九岁才觉知到这一切是梦而离家求道。

如果悉达多在求道前没有经历过情欲色相的欢愉，那么他的成道就是假的，不是真正的超越人的所有一切，只是压抑着让自己不去想色相情欲的东西而已，并非真正的大彻大悟。

我认识的很多出家人或修行者，很怕谈到情欲或情色的问题，他们认为这些可怕的东西应该禁绝，我却说

◎ 穿ARMANI的觉者 ◎

禁绝只是把冰山压到水面底下,自欺欺人,应该让冰山全部浮出来,让冰全化为水,冰水不分,情欲和佛性融为一体,才是真正的觉悟。

然而,我的观点他们不认同,坚定地认为是色相情欲引人邪思,所有的罪业都在淫行或情色上面。然而他们却忘了什么是自然,他们是从何而来的。如果没有情、没有欲,难道他们是从石头里生出来的?

我有个胖子朋友想减肥,每次相约出去吃饭,他只要看到别人吃蛋糕就破口大骂,说他不想看到蛋糕,最后他心里愈来愈恨蛋糕,把自己变胖的罪过都怪到蛋糕上。

我替蛋糕抱不平地劝他,问题不在蛋糕,而在他的贪念。如果他不能看清自己迷恋美食的背后原因,老是怪东怪西,到最后可能连白米饭或白开水,也要被他贴上罪业的标签。

同样的道理,关于情欲,问题不在色相或风月场

◎ 穿 ARMANI 的觉者 ◎

所，而在人们迷恋或执著的心，只要能保持觉知，懂得观照而不执著，你可以去体验任何事物，因为任何体验都是悟的触媒，没有体验、感觉、感受，何来觉悟？但前提是保持觉知，不会去迷恋执著，就算迷恋也要懂得观照它的虚幻本质，超越它并包容它。

因此，人人都可以学佛，都可以开悟，任何人都平等。相反的，倒是有很多年纪轻轻，生活体验不足，就急着出家的比丘或比丘尼，我建议他们最好出家前，先去风月场所体验一段时间，去探索情欲色相为何这么迷人，为何让很多人沉迷而无法自拔。

毕竟，任何事物，唯有全然进入，再从其中跳脱出来，才算是真正的超越，否则，所谓的修行，都只是头脑想象出来的、自欺欺人的游戏罢了！

6. 佛法不是解决问题的万灵丹

有许多读者写信来问感情问题，例如，和情人该不该分手,或是人际关系的问题,还有自信心及工作上的问题,希望我给他们一个解答。

关于这些问题,我想大家都误会了佛法的本质,佛法不是可以解决任何事的万灵丹,不是你吞一颗药或念个经就天下太平。佛法是让你觉醒,让你拥有智慧,去看透很多事物的本质;然后,必须自己去解决自己的难题,因为,人各有因缘,我光凭一封信很难全盘了解当事人的问题原由;再者,每个人遇到每个问题,都是属于个人独有的因缘,必须自己去找答案,而答案就在你的觉知和观照中,否则,我开的药方也可以变成你的毒药,反而害了你。

尤其,许多读者来信提到的问题,多半是男女感情方面的,我更不能给你任何建议,因为感情是一个由个人主观及幻觉、妄觉聚合起来的因缘现象,只要你能看透事物的表象,你就会发现,爱情里面存在很多我们大脑制造出来的幻觉和妄觉,至于如何去对应这些幻觉,

◎ 穿 ARMANI 的觉者 ◎

就是你的选择了。

毕竟，法无定法，面对同一个问题，每个人的选择也必然不同，连佛陀也不能协助你排解家务事，你必须自己做决定，并在这些问题中去观照，去得到启示和成长。

7. 为何学佛仍无法得到圆满的人生？

有位马来西亚的读者来信问，为何他学佛许久，仍无法得到一个圆满的人生？因为他最近婚姻不顺，工作也没起色，健康也出现了问题。

所谓的圆满，觉醒前的人，总认为是人生各方面都很顺利或幸福，例如妻财子禄寿都要美好，才算圆满。

但对觉醒的人来说，这些妻财子禄寿的圆满是没有意义的，因为，这种完美现象永远不可能存在；因为，觉醒后你会看清万事万物，都是因缘聚合而成的，缘聚

◎ 穿 ARMANI 的觉者 ◎

缘散不能由你控制,而是无常的力量在流转幻变。因此,觉醒者不会对这种不可能的事产生妄想,否则就是自找苦吃,活在烦恼痛苦中。

然而,觉醒后你会发现另一种圆满,那是无所不在、人人都有的自然圆满,这种圆满就是你去体验了光明的一面,也体验了黑暗的一面,人生有顺境也有逆境,生活中有得意、失落,有黑夜也有白天,体验到拥有的滋味,也尝到失去的痛苦,有快乐也有悲伤,这种阴阳俱足才是真圆满,就如有生有死才是完整的生命,其实圆满早就在我们身上,无须他求。

这就是觉醒者的圆满境界,没有妄想、没有罣碍的圆满,身为学佛的人,应该去体验这种圆满才是。

8. 业力真的存在吗?如何跳脱呢?

不少读者来信问,每个人的命运都是受业力所牵引

的吗？如果是，要如何跳脱业力的枷锁呢？

关于业力，如果只是用头脑想是不存在的，或许讲习气会比较具体一点，因为，习气每天都在牵引着我们做同样的事。

但业力是真实的，只是，那是我的体悟，我的"看见"，并不能用头脑去想象，否则是自欺欺人，希望大家有一天也可以透过觉醒和观照，自己感受到它的存在，到时候，你就会知道如何跳脱业力的牵引。

9. 活着，就是为了准备如何死吗？

读者问，活着就是为了死的那一刻做准备吗？修行是否要让自己无惧于死亡？面临死亡时，只要意念是超脱自在，就能飞向神佛世界吗？

事实上，很多人都搞错来此生的目的了。我们的存在，包括这个肉身和各种因缘，都是短暂的现象而已，不是永恒不灭的,是假有,我们不应该把生命的重心,放在这上面。

我们之所以来这个世间,最主要是为了体验、学习,活着,是为了做该做的功课或开悟而准备,而不是为了死亡而准备。当一个人没有做完该做的功课就死亡,那种死才是最恐怖的。

因此,修行不是为了面临死亡时没有恐惧,而是完成我们这个灵魂来此生的任务。因为,不管你是否完成任务或功课,死都会来,没什么好怕的。倒是如何死,例如,你是带着无明和执迷死去,还是觉醒开悟,没有恐惧和罣碍的离开人间,这才是活着时要去保持觉知的重点,不要本末倒置,反果为因。

此外,意念超脱也不见得飞向神佛世界,那是武侠小说或佛经虚构的,真正的开悟是超越意念的,是无法用语言文字去描述的,只能靠你自己去体会。

事实上,我们本来就是神佛,只是暂时忘掉或关闭

◎ 穿 ARMANI 的觉者 ◎

本来的神性和佛性，来此生玩"人"的游戏罢了！

10. 开悟了，是不是就不用当人了？

开悟了，就可以不用当人了吗？

其实，这个答案你可以透过观照，去看见它。

只要你仍需要呼吸、吃饭、睡觉，你就仍要当人，不管你是否开悟，这一点连佛陀也不例外。

11. 觉醒了，就能随心所欲吗？

台湾的一位读者来信问，觉醒了就能随心所欲吗？

人是不可能随心所欲的，随心所欲这四个字，是我们大脑制造出来的妄想，是和现实的无常相抵触的。

或许，只有上帝才有这个特权，但即使是上帝，到了星期天也要休息。

◎ 穿 ARMANI 的觉者 ◎

我们都是人，不要妄想，也不要逼自己当超人，我们的心理和生理构造，都有一定的极限。就算真的福报够，可以随心所欲，恐怕你的身体也会受不了。

佛法要教我们的第一课，就是认清自己，察觉到自己是因缘聚合而成的，万事万物都有它的极限，更何况是人。

如果学佛了，觉醒了，仍有这种妄想，那就是假的觉醒。

12. 什么是定？如何入定？

有位香港的读者来信，问我如何入定？

我回答，心平何劳持戒？

如果真的觉醒，真的体悟到实相，根本就不会有"出"，何来的"入"？

所以，当你悟到某个境界，在每个当下，每分每

◎ 穿 ARMANI 的觉者 ◎

秒，都是在"定"的状态，只是"定"这个名词不够精准，不能代表我想表达的，因为"定"这个字很容易让人误解为定着在某个状态，是静的，不动的，但我说的每分每秒都在"定"的这个字，应该比较接近"无我"或"无住"的状态，而这个状态是动静皆宜，无所不在的。

因此，硬要把这个状态分割成"出"或"入"，那就表示，你是用头脑的分别心在看这个世界，因此，才会有时候静下来"入定"，等站起来去工作或走路时，就忘了定而"出定"。

在觉醒者或开悟者的眼里，这个实相世界只有一个，但大部分的人都习惯于把世界切两半，一个是定，一个是娑婆，这是左脑的分别心造成的，但是为了让大家听得懂，有时候我也不得用这种二分法，来和大家沟通，告诉大家什么是娑婆，什么是无我的境界。

只是，佛法要说的，是不合逻辑的，我们的左脑是无法理解分析的。

这个世界的实相,就像量子力学说的,光可以是粒子,也可以是波;同理,这个世界可以是娑婆(在凡夫眼里),也可以是空性(在觉者眼里)的世界,只是很多人都想不通。

这是因为,观照是不能用头脑想的,是超越头脑的,所有用头脑的,都是妄见、妄觉,学佛修行亦如是。

因此,我希望大家也能自己去观照,能体悟到我说的,活在空性中,也活在假有中,空性、假有都是同一个东西,定就等于娑婆,动就等于静,这时你就会发现,观照 + 觉知 = 入定 + 智慧,这四个东西,本质上都是同一个东西。

毕竟,文字只是工具,只是个符号,但每个人的认知和解释都不同,不要被文字局限了。

真正的佛法是体悟,是没有文字的,所有我们说出

◎ 穿 ARMANI 的觉者 ◎

的文字,都是经过头脑翻译的,是失真的。

悟了,就要把这些都丢掉,没有佛,没有地狱,没有我,也没有空,当然也没有什么"定"。

◎ 穿 ARMANI 的觉者 ◎